Sammlung Göschen

Radiotechnik

V

Die Elektronen-Röhre

Von

Dipl.-Ing. Otto Stürner
Patent-Ingenieur in Calw

Mit 88 Figuren und 35 Abbildungen auf 16 Tafeln

Berlin und Leipzig
Walter de Gruyter & Co.
vormals G. J. Göschen'sche Verlagshandlung . J. Guttentag, Verlagsbuchhandlung . Georg Reimer . Karl J. Trübner . Veit & Comp.
1927

Druck von C. G. Röder G. m. b. H., Leipzig. 906127.

Inhaltsverzeichnis

Literaturverzeichnis.

Grimsehl, Lehrbuch der Physik. Band II: Magnetismus und Elektrizität. Verlag B. G. Teubner, Leipzig-Berlin.
Dushman, S., Hochvakuumtechnik. Verlag Julius Springer, Berlin 1926.
Goetz, Hochvakuumtechnik. Sammlung Vieweg, Heft 64, Braunschweig.
Barkhausen, Elektronenröhren Band I und II. Verlag S. Hirzel in Leipzig.
Möller, G., Die Elektronenröhren und ihre technischen Anwendungen. Sammlung Vieweg, Heft 49, Braunschweig.
Zenneck-Rukop, Lehrbuch der drahtlosen Telegraphie. Verlag Ferdinand Enke, Stuttgart 1925.
Telefunken-Zeitung.
Jahrbuch der drahtlosen Telegraphie und Telephonie; Zeitschrift für Hochfrequenztechnik, Verlag M. Krayn, Berlin.
Sammlung Göschen, Radiotechnik I—IV.

I. Physik und Vakuumtechnik der Elektronenröhren.

1. Elektrizitätsleitung in einem festen Körper.

Legt man eine elektrische Spannung an einen festen Körper, so beobachtet man bei verschiedenen Stoffen ein verschiedenes Verhalten eines in die Leitung geschalteten elektrischen Anzeigeinstrumentes. Während unter dem Einfluß eines entstehenden Stromes bei Metallen das Instrument einen Ausschlag erfährt, bleibt sein Zeiger in der Nullstellung unbeweglich bei Stoffen wie Glas, Hartgummi usw. Letztere heißen aus diesem Grunde Nichtleiter oder Isolatoren, erstere Leiter der Elektrizität. Unter der Wirkung einer elektrischen Spannung erleiden aber auch die Isolatoren eine Veränderung. Ein mit einem Glasstab geriebenes Holundermarkkügelchen erfährt an der mit dem positiven Pole einer elektrischen Stromquelle verbundenen Stelle des Isolators eine Abstoßung, an der Stelle des negativen Pols eine Anziehung. Im Isolator herrscht, hervorgerufen von der Spannung, ein elektrischer Spannungszustand, ein elektrostatisches Feld einer bestimmten Feldstärke. Entsprechend dieser Erscheinung ist mit dem elektrischen Strome in einem Leiter ein magnetisches Feld verknüpft. So wird beispielsweise unter der Wirkung des magnetischen Feldes eines geraden stromdurchflossenen Metalldrahtes ein Magnetpol in einer dem Rechtsdrall der Stromrichtung zugeordneten Kreisbewegung abgelenkt.

Bis auf den heutigen Tag ist es noch nicht gelungen, eindeutig und erschöpfend den Mechanismus der Stromleitung in einem festen Körper zu beschreiben. Verschiedene Theorien über die Leitfähigkeit des elektrischen Stromes existieren von Drude u. a. Siehe auch § 10.

Der Erforschung zugänglicher ist die

2. Elektrizitätsleitung in Flüssigkeiten.

Infolge der geringen Kohäsion ist hier der Verband der Atome und Moleküle ein loserer und eine eventuelle Zustandsänderung der Moleküle selbst unter dem Einfluß eines elektrischen Stromes leichter nachzuweisen. Die bis auf die Griechen zurückgehende Auffassung über den Aufbau der Materie aus nicht weiter teilbaren Bausteinen hat durch das elektrische Verhalten von verdünnten Säuren einen ernsthaften Stoß erlitten. So wurde bei Messungen des osmotischen Druckes, der Siedepunktserhöhung und Gefrierpunktserniedrigung von stark verdünnten Säurelösungen festgestellt, daß doppelt so viel Moleküle vorhanden sind, als man nach der bisherigen Theorie finden müßte. Diese Erscheinung zwingt zu der Annahme, daß die an und für sich elektrisch neutralen Säuremoleküle in verdünnter Lösung gespalten oder dissoziiert werden. Das Produkt dieser Spaltung sind Ionen, mit positiver Ladung versehene Wasserstoff- und Metall-Atome und negativ geladene Säurereste. Setzt man unter dem Einfluß einer Spannung diese an Materie gebundenen Ladungen in Bewegung, so erhält man einen elektrischen Strom. Taucht man beispielsweise in eine Kupferchlorürlösung 2 Metallstäbe, macht den einen Stab durch Anschluß an den positiven Pol einer Stromquelle zur Anode, den anderen durch Anschluß an den negativen Pol derselben Stromquelle zur Kathode, so wandern die Kupferionen an erstere und die Chlorionen an letztere.

Diese Anordnung liefert bekanntlich das Grundschema für die in der Galvanoplastik üblichen Verfahren, während die Anordnung von 2 Metallstäben mit je einem positiven und negativen Lösungsdrucke in demselben Elektolyten das Grundprinzip für die elektrische Batterie liefert. (Näheres siehe Sammlung Göschen Nr. 620.)

3. Die Elektrizitätsleitung in Gasen

verhält sich ähnlich wie die Elektrizitätsleitung in Flüssigkeiten, wie ja überhaupt Flüssigkeiten in mancherlei Hinsicht als Gase zu betrachten sind. Schon die elektrischen Erscheinungen der Atmosphäre wie die Gewitterbildung lehren, daß die Luft durch Ionisierung leitend wird. Die Luft ist aber kein ideales Gas, da sie immer mehr oder weniger stark mit Dämpfen geschwängert und in Dämpfen die Expansion nicht vorherrschend ist. Um experimentell die elektrischen Eigenschaften von Gasen zu untersuchen, bringt man sie daher in von dem Atmosphärendruck unabhängige, evakuierte Gefäße, die mit einer Anode und Kathode ausgerüstet sind und auf diese Weise mit einer Elektrizitätsquelle hoher Spannung verbunden werden können. Alle typischen Erscheinungen der Elektrizitätsleitung durch Gase ergeben sich schon bei der Untersuchung eines an eine elektrische Spannung gelegten Vakuumgefäßes mit einer trockenen Luftfüllung, deren Dichte unter sonst gleichen Bedingungen durch Veränderung des Druckes variiert wird.

Stellt man in einem solchen Entladungsgefäß das höchste technisch überhaupt mögliche Vakuum her, so wird man auch mit dem höchstempfindlichen Galvanometer, das man zwischen Hochspannungsbatterie und Vakuumröhre schaltet, keinen Ausschlag feststellen können. Das absolute Vakuum ist der vollkommenste Isolator. Unsere Vorrichtung ist nun nichts anderes als ein unter Spannung stehender Kondensator mit einem verlustfreien Dielektrium. Wir haben also in einer Vakuumröhre höchster Evakuierung nicht nur keinen Stromleiter, sondern den besten Stromunterbrecher.

Entspricht der Verdünnungsgrad etwa einem Drucke von 0,01 mm Quecksilbersäule (Hg), so äußert sich eine an und für sich unsichtbare Entladung in dem mehr oder weniger großen Ausschlage eines empfindlichen Galvanometers und in einer grünlich leuchtenden Fluoreszenz der Glaswandung an der der Kathode gegenüberliegenden Stelle. Als Ursache der Fluoreszenz müssen wir ein von der Kathode ausgehendes, unsichtbares Strahlenbündel ansehen. Diese Strahlen heißen

4. Die Kathodenstrahlen.

Ihren materiellen Charakter zeigen sie dadurch, daß ein in den Strahlengang nach Fig. 1 gebrachtes dünnes Metallplättchen zum Glühen gebracht wird. Diese Energieabgabe lehrt, daß man es hier mit einer sogenannten Konvektions- oder Korpuskularstrahlung zu tun hat. Trotz Schattenbildung sind die Kathodenstrahlen also keine Lichtstrahlung. Sie haben so wenig wie ein Wasserstrahl eine Wellenlänge und bestehen wie dieser aus einzelnen Körperteilchen oder Korpuskeln.

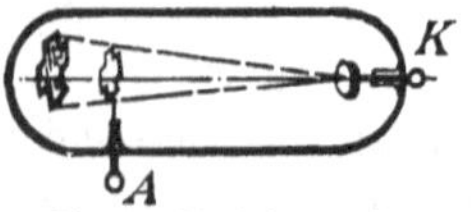

Fig. 1. Entladungsröhre. A = Anode = + Pol, K = Kathode = — Pol einer außen angelegten Stromquelle.

Verbindet man das in Fig. 1 gezeigte Metallkreuz leitend mit einem in beliebigem Abstand von der Röhre aufgestellten Elektroskop, so wird dieses negativ geladen. Wie eine bewegte negative Ladung, also wie ein Strom negativer Elektrizität, benimmt sich der Kathodenstrahl auch in einem elektrostatischen Felde. Legt man nämlich an die beiden Platten der in Fig. 2 dargestellten Röhre senkrecht zum Strahlengang eine Hilfsspannung, so wird entgegen dem Potentialgefälle des Plattenkondensators, also in Richtung von der negativen zur positiven Belegung, der Strahl parabolisch ausgelenkt. Die Geschwindigkeit der Korpuskeln erfährt nach Größe und Richtung somit eine Änderung. Im Wirkungsbereich des elektrischen Feldes findet ein Leistungsumsatz satt. Die Ablenkung der geraden Strahlenbahn durch ein elektrisches Feld ist ein wesentlicher Unterschied der Kathodenstrahlen gegenüber den Lichtstrahlen.

Ordnet man an Stelle des Kondensators einen Elektromagneten an und erzeugt senkrecht zur Strahlrichtung ein homogenes Magnetfeld, so werden die Korpuskeln in Kreisbahnen abgelenkt, für die die ursprüngliche Strahlenrichtung die Drehungsachse ist. Dies kann man leicht einsehen, sobald man diese Anordnung mit dem am Schlusse von § 1 erwähnten Beispiel vergleicht. Dort hat der elektrische Strom eine starre gerade Bahn und das magnetische Feld kreisförmige Kraftlinien; hier dagegen hat man ein homogenes Magnetfeld mit linearem Gefälle und wird deshalb für die elektrische Bahn eine kreisförmige Bewegung zu erwarten haben. Die Richtung entspricht wiederum einem Negativstrom.

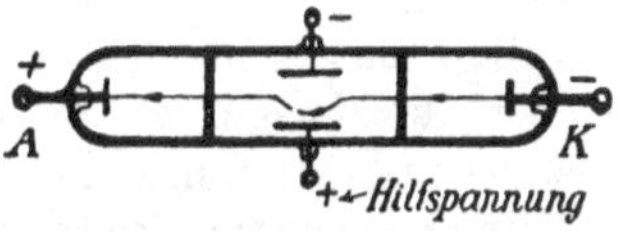

Fig. 2. Ablenkung der Kathodenstrahlen durch ein elektrostatisches Feld.

5. Elektronen.

Als Resultat eingehender Untersuchungen erwiesen sich die Korpuskeln der Kathodenstrahlen als die Elektrizitätsatome, die sogenannten Elektronen. Dieselben hat man sich unstofflich und aus der negativen Einheitsladung bestehend vorzustellen. Positive Elektrizität gibt es nicht in Reinkultur, da immer mindestens die Masse eines Wasserstoffatoms mit einer positiven Elementarladung verknüpft ist.

Man schreibt nun gleichwohl dem bewegten Elektron eine Masse zu in der Erkenntnis, daß das bewegte Elektron Trägheit besitzt und wie eine Masse wirkt. Eine einfache rechnerische Auswertung der in § 4 behandelten Ablenkungen des Elektrons im elektrostatischen und magnetostatischen Felde ergibt für die physikalisch außerordentlich wichtige Größe des Verhältnisses der elektrischen Ladung zur Masse $\frac{e}{m} = 1{,}769 \times 10^7$ elektromagnetische Einheiten, wobei allerdings nur für Geschwindigkeiten, die wesentlich kleiner sind als die Lichtgeschwindigkeit, die Masse m als konstant zu betrachten ist. Die Elektronengeschwindigkeit v selbst läßt sich leicht berechnen, und zwar durch Gleichsetzung der kinetischen Energie des Elektrons:

$$U_k = \tfrac{1}{2} m v^2 \tag{1}$$

mit der Arbeit des elektrischen Feldes, die als Produkt aus Ladung e und Spannung E sich ergibt zu

$$U_e = e E\,, \tag{2}$$

so daß

$$\tfrac{1}{2} m v^2 = e E \tag{3}$$

oder

$$v = \sqrt{2 \frac{e}{m} E}\,, \tag{4}$$

woraus durch Übergang vom elektromagnetischen ins praktische Maßsystem sich ergibt:

$$v = 6 \times 10^7 \sqrt{E}\,. \tag{5}$$

v versteht sich in cm/sec., wenn E in Volt eingesetzt wird.

Bei den Elektronenröhren handelt es sich um beschleunigende Spannungen von 10—10000 Volt, also um Geschwindigkeiten von 2000—60000 km, weshalb im allgemeinen die oben für die Masse angegebenen Einschränkungen hier gelten. Da nach Formel (5) die Elektronengeschwindigkeit eine Funktion der erzeugenden Spannung ist, pflegt man auch die Geschwindigkeit in Volt anzugeben, so daß 1 Volt „Geschwindigkeit" $= 6 \times 10^7$ cm/sec. bedeutet.

Wie elektrolytisch mit jedem Gramm einer bestimmten Substanzmenge ein gewisses Quantum Elektrizität transportiert wird, so ist auch jedes Elektron der Träger einer ganz bestimmten Elektrizitätsmenge. Da ein Gramm Wasserstoff die Ladung $e_1 = 96494$ Coulomb mit sich führt, so ist die Elektrizitätsmenge eines Elektrons

$$\frac{\frac{e}{m}}{e_1} = \frac{1{,}77 \times 10^7}{9649{,}4} = 1850 \text{ mal}$$

größer und, bei Zuordnung von gleich großen Ladungen, umgekehrt die Elektronenmasse 1850 mal kleiner als die Masse eines Wasserstoffatoms, woraus man für das Elektron eine Masse $m = 8{,}955 \times 10^{-28} g$ und die elektrische Elementarladung $e = 1{,}591 \times 10^{-19}$ elektromagnetische Einheiten (Coulomb) errechnet. Ein Strom von 1 Amp. = 1 Coulomb/sec. entspricht also $6{,}28 \times 10^{18}$ Elektronen pro Sekunde.

6. Die Röntgenstrahlen.

Betreibt man eine gewöhnliche Kathodenröhre mit zwei kalten Elektroden mit einer sehr hohen Spannung, so kann ein mit einer fluoreszierenden Substanz bedeckter Pappschirm, der in der Nachbarschaft der fluoreszierenden Glaswand der Röhre aufgestellt wird, auch dann zu lebhaftem Leuchten erregt werden, wenn die Röhre selbst in schwarzes Papier eingewickelt wird. An einem ähnlichen

Versuche wurden erstmalig diese Strahlen von Röntgen im Jahre 1895 beobachtet, weshalb sie Röntgenstrahlen heißen. Ihrem Wesen nach sind sie als Bremsstrahlung aufzufassen und zu erklären durch die plötzliche Impulsänderung beim Aufprallen der Elektronen auf der Anode. Wie eine von einem Kugelregen getroffene Glocke gleichzeitig in ihren Eigentönen erklingt und ein Getöse, das aus den Einzelknallen der aufschlagenden Geschosse resultiert, erzeugt, so besteht die Röntgenstrahlung aus einer dem Material der Antikathode zugeordneten Eigenstrahlung und der regellos geordneten Anzahl elektromagnetischer Impulse, die als Folge des Zusammenbruchs der magnetischen Energie beim Abbremsen der Elektronen auftreten.

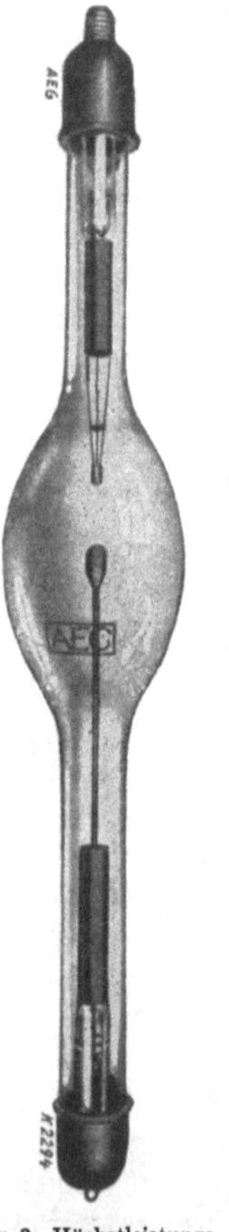

Fig. 3. Höchstleistungs-Röntgenröhre der AEG für Tiefentherapie. Leistung 1—2KW, Anodenspannung bis 230000 V, Anode als Wolfram-Antikathode ausgebildet.

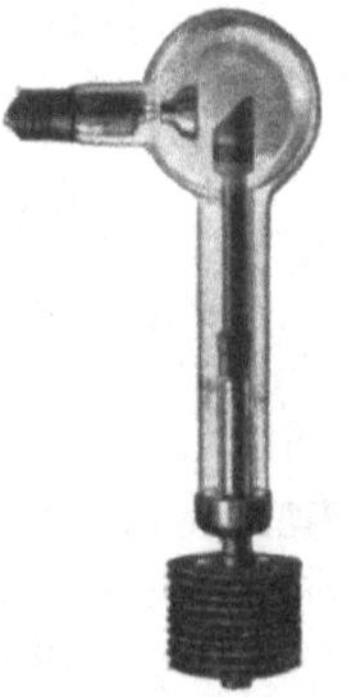

Fig. 4. Dentalröhre der Firma Siemens-Reiniger-Veifa, Röntgenröhre für zahnärztliche Diagnostik mit Rippenkühlung.

In der medizinischen Diagnostik und Therapeutik wird bekanntlich das hohe Durchdringungsvermögen der Röntgenstrahlen zur Durchleuchtung von Knochen und Weichteilen des menschlichen Körpers angewendet. Die zu diesem Zwecke hergestellten technischen Röntgenröhren sind strenggenommen auch Elektronenröhren. Durch die Verwendung von sehr hohen Spannungen und durch die medizinische Aufgabenstellung wurden ausgesprochene Spezialformen entwickelt, wie sie beispielsweise in den Fig. 3 und 4 dargestellt sind.

7. Stoßionisation.

Bisher haben wir die Frage noch nicht beantwortet, wie die Elektronen in ungebundenem Zustande in unser Vakuumgefäß hineingekommen oder dort entstanden sind. Daß in verdünnten Gasen genau so wie in verdünnten Säuren eine Dissoziation stattfindet, beweist mit dem Auftreten von Kathodenstrahlen das gleichzeitige Vorhandensein von Kanalstrahlen auf der der Anode abgewandten Seite der Kathode. Diese Strahlen verhalten sich nämlich wie positive Ladungen. Ferner können aus den Resten der atmosphärischen Luft des Vakuumgefäßes freie Elektronen vorhanden sein. Als Ionisatoren für die Atmosphäre kommen in erster Linie die radioaktiven Substanzen in Frage, die in Erde und Luft enthalten sind. Etwa vorhandene freie Elektronen können durch Ionenstoß neutrale Gasmoleküle von einer bestimmten Geschwindigkeit ab aufspalten. Die dieser Geschwindigkeit zugeordnete elektrische Spannung ist die Ionisierungsspannung, deren Größe jedem Gase eigen ist und die zwischen 25 Volt bei Helium und etwa 4 Volt bei den Alkalimetallen liegt. Die Zertrümmerung der Gasmoleküle in Ionen kann unter Glimmlicht-Erscheinungen vor sich gehen.

In erster Linie sind die Ionisierungsvorgänge aber von der Gasdichte abhängig. Bekanntlich haben wir uns auf Grund der Gesetze, die den Zustand bei idealen Gasen regeln, und auf Grund der Vorstellungen, die zu der

8. Kinetischen Gas-Theorie

ausgebaut sind, die einzelnen Gasmoleküle als in stetiger Bewegung zu denken. Diese Molekulargeschwindigkeiten, die die Braunsche Molekularbewegung augenfällig versinnbildlicht, besitzen nach der Maxwellschen Geschwindigkeitsverteilung einen wahrscheinlichen Wert α, der mit der „mittleren Geschwindigkeit" c durch die Beziehung

$$\alpha = \sqrt{\frac{2}{3}} c \tag{6}$$

verknüpft ist. Wie aus Tabelle 1 zu ersehen ist, ist c von der Größenordnung von 1 km/sec. Was wir Wärme heißen, ist nichts anderes, als der Energie-Inhalt dieser molekularen Bewegungen. Was wir Druck nennen, ist der Impuls pro/cm² der Oberfläche. Der Druck ist also um so größer, je größer die Anzahl der Stöße auf eine Gefäßwandung ist. Desto größer wird auch die Anzahl der Zusammenstöße der Moleküle unter sich und desto kleiner die „mittlere freie Weglänge", welche die mittlere Entfernung angibt,

Tabelle 1. Molekulargeschwindigkeiten.

Gas	Molekular-Gewicht	Mittlere Geschwindigkeit $c \cdot 10^{-5}$ cm · sec^{-1}	
		0° C	20° C
H_2	2,016	1,838	1,904
O_2	32,00	0,4613	0,4778
N_2	28,02	0,4928	0,5106
Luft	28,96	0,4849	0,5023
Hg	200,6	0,1842	0,1908
CO_2	44,0	0,3933	0,4076
H_2O	18,016	0,6148	0,6368
Ar	39,88	0,4133	0,4282
NH_3	17,02	0,6328	0,6554
CO	28,00	0,4933	0,5109

die ein Molekül zwischen zwei Zusammenstößen durchläuft. Um so häufiger wird dann auch ein Elektron bei seinem Fluge mit Gasmolekülen zusammenstoßen. Von einem bestimmten Drucke ab erhält daher das Elektron zuviel Zusammenstöße, so daß es überhaupt nicht auf die Ionisierungsspannung beschleunigt werden kann.

Es hat sich indessen gezeigt, daß in den Edelgasen Helium, Neon und Argon sowie in Metalldämpfen auch bei recht hohen Gasdrucken die Ionisations- und Leuchterscheinungen auftreten, woraus man folgert, daß beim Zusammenprallen mit einem solchen Gas-Atom das fliegende Elektron keinen Geschwindigkeitsverlust erleidet und wie ein vollkommen elastischer Ball zurückgeworfen wird. Man spricht von einer geringen Verwandtschaft solcher Gase zum Elektron und heißt sie elektropositiv, während elektronegative Gase wie Sauerstoff und Halogendämpfe beim Zusammenstoß das Elektron festzuhalten suchen und ihm daher ganz oder teilweise seine Geschwindigkeit nehmen.

9. Unselbständige Entladungen.

Außer den bisher behandelten Methoden gibt es noch verschiedene andere, in hoch evakuierten Röhren Kathodenstrahlen anzuregen. So erweist sich eine Bestrahlung der Kathode mit Röntgenstrahlen und ultraviolettem Lichte als aktivierend. Ferner lehrt der photo- oder licht-elektrische Effekt, daß eine Bestrahlung mit gewöhnlichem Lichte einer in der Vakuumzelle sitzenden Elektrode aus Natrium, Kalium, Rubidium usw. eine Elektronenwolke und bei Verwendung einer Hilfsspannung zwischen der emittierenden Kathode und einer kalten Anode einen Elektronenstrom hervorbringt.

Es ist zu erwarten, daß ein glühender Körper als Lichtstrahler ebenfalls Elektronen emittiert. In der Tat gibt es solche Glühelektronen, und zwar in erster Linie bei bestimmten Metallen. Sowohl bei den technischen Röntgenröhren als auch bei den Elektronenröhren wird allermeist durch Ausbildung der Kathode als elektrisch heizbarer Glühfaden der Elektronenstrom erzeugt, wobei man die Gewähr einer weitgehenden Konstanz mit den Vorteilen eines großen Regulierbereiches des Emissionsstromes verbindet.

Zusammenfassend können wir sagen, daß im absoluten Vakuum keine Entladung ohne künstliche Anregung möglich ist. Deshalb werden die Entladungserscheinungen der Kathoden-, Kanal- und Röntgenstrahlen auch als unselbständige Entladungen bezeichnet, während Funken- und Lichtbogen, Glimmlicht-Erscheinungen, Korona-Effekte usw. selbständige Entladungen darstellen.

Bevor wir der Elektronen-Emission aus glühenden Metalldrähten in hoch evakuierten Entladungsgefäßen nähertreten, wollen wir unsere bisher gewonnenen physikalischen Erkenntnisse zusammenfassen und uns ein einheitliches Bild über das Wesen der Materie zu bilden versuchen. Diese Vorstellungen werden heute beherrscht von der

10. Elektronentheorie.

Unter der Analyse der Forschungsergebnisse der elektromagnetischen Lichttheorie, die Heinrich Hertz begründete, der licht-elektrischen Erscheinungen, des Zeeman- und Stark-Effektes, der von Laue begründeten Röntgenospektral-Analyse und der von Moseley entdeckten einfachen Zusammenhänge zwischen dem periodischen System der Atome und der Frequenz der Röntgenspektren wurde die *Billardkugel, als die sich uns auf Grund der kinetischen* Theorie der Gase ein Atom darstellte, aufgelöst in ein mikrokosmisches Planetensystem. Der Zentralkörper desselben besteht in der Hauptsache aus so viel positiven Einheitsladungen, als die Ordnungsziffer des betreffenden Atoms im periodischen System angibt. Die Planeten des Systems sind um den Kern kreisende Elektronen, die sog. Valenz-Elektronen. Die Ionisierungsarbeit erscheint als derjenige Energieaufwand, der notwendig ist, um eine Valenz aus dem Anziehungsbereiche der Zentralladung bis ins Unendliche zu verschieben.

Kristalle bilden ein Raumgitter mit einer erstaunlich präzisen Anordnung für die Atomverbände und völlig leeren Zwischenräumen, während in Metallen zwischen den Atomen eine Anzahl freier Elektronen durcheinanderschwirrt. Es erscheint angebracht, die Größe der Bewegungsenergie dieser Leitungselektronen gaskinetisch zu erfassen.

11. Die Gesetze der Elektronen-Emission.

Danach vergleicht man die elektrischen Vorgänge beim Erhitzen eines Metalldrahtes mit der Verdampfung einer Flüssigkeit. Die mittlere Geschwindigkeit der Elektronen wird durch eine entsprechende Temperaturerhöhung einen solchen Zuwachs erfahren, um die zum Austritt aus dem Atomverbande des glühenden Metalles notwendige „Austrittsarbeit" zu leisten, genau so wie die Dampfspannung beim Erhitzen einer Flüssigkeit. Von einer Verdampfung der Elektronen selbst kann dabei aber keine Rede sein.

Tabelle 2. Die Konstanten des Richardsonschen Gesetzes. Absolute Temperatur = 2000°.

Substanz	A	b	i [Amp/cm²]
W	$23{,}6 \cdot 10^6$	52500	0,0009
Mo	$21{,}0 \cdot 10^6$	50000	0,013
Th	$200{,}0 \cdot 10^6$	39000	30,0
Oxyde auf Platin	$16{,}0 \cdot 10^4$	20000	325,0

Tabelle 3. Auswertung der Richardsonschen Funktion für eine Wolframkathode.

T^0 [K]	i [mA/cm²]
1400	$5{,}75 \cdot 10^{-6}$
1600	$8{,}13 \cdot 10^{-4}$
1800	$3{,}98 \cdot 10^{-2}$
2000	$9{,}12 \cdot 10^{-1}$
2200	11,7
2400	105
2600	668

Auf Grund dieser Vorstellung hat Richardson für die Elektronenemission von einer heißen Kathode die Beziehung abgeleitet:

$$i = A \sqrt{T}\, e^{-\frac{b}{T}}. \qquad (7)$$

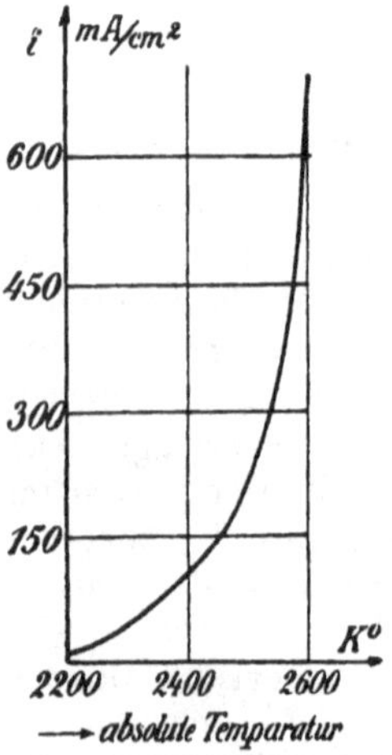

Fig. 5. Die Richardsonsche Funktion: Abhängigkeit der Elektronen-Emission von der Temperatur.

Dabei ist i der Emissionsstrom pro Flächeneinheit (cm)² der Kathodenoberfläche, T die Temperatur des Glühfadens, gemessen vom absoluten Nullpunkte aus oder in sogenannten Kelvin-Graden (K). A und b sind Materialkonstanten und aus Tabelle 2 zu entnehmen. Dort findet man auch eine Auswertung der Gleichung für die absolute Temperatur von 2000° K. Tabelle 3 enthält für das wichtigste Fadenmaterial, Wolfram, die Richardsonsche Funktion mit der graphischen Darstellung in Fig. 5.

Die neuesten Forschungen haben ergeben, daß der Faktor A als universelle Konstante für die Oxyde der II., III.

und IV. Gruppe des periodischen Systems anzusehen ist und b als Maß für die Austrittsarbeit oder die Anfangsgeschwindigkeit in Volt sich als einfache Funktion der Kernladungszahl und der Anzahl der Valenzelektronen durch die Gleichung darstellen läßt:

$$b = C \frac{N^a}{Z^{b'}} + C', \tag{8}$$

worin N die Anzahl der Valenzelektronen, Z die Kernladungszahl ist und a, b', C, C' Konstante sind. Ferner ist als feststehend anzusehen, daß die Emission einer metallischen Verbindung sich additiv aus der Emission der Einzelteile zusammensetzt.

12. Die Raumladung.

Abgesehen von der Temperatur, deren Bestimmung im praktischen Falle mit Rücksicht auf die Lebensdauer des Glühfadens, seine Heizkosten und mit Rücksicht auf Konstruktionsbedingungen unter Beachtung der Kathodenzerstäubung usw. erfolgt, ist die Elektronenemission noch von einer Größe abhängig, die unter dem Namen Raumladung bekannt ist. Der Emission erwächst in ihr selbst ein Hindernis: Wie in einem geschlossenen Raume bei Verdampfung einer Flüssigkeit jedes verdampfte Molekül eine Vergrößerung der Dampfspannung zur Folge hat, so setzt jedes emittierte Elektron einem nachfolgenden als gleichnamige Ladung einen Widerstand entgegen. Der Faden ist von einer Elektronenwolke umgeben, die den Raum negativ auflädt. Die Raumladung äußert sich darin, daß bei Anlegung einer Spannung an die Röhre der Anstieg des Elektronenstroms nicht plötzlich auf den durch das Richardsonsche Gesetz bestimmten Sättigungsstrom, vielmehr zunächst langsam mit der Anodenspannung E_a erfolgt. Bei kleinen Anodenspannungen erreichen die

Kraftlinien des Anodenfeldes zum geringsten Teile den Glühfaden und endigen in der Hauptsache in der Raumladung. Mit steigender Anodenspannung greift das Anodenfeld immer weiter gegen den Glühfaden hin aus und wirkt auf immer mehr Elektronen beschleunigend im Sinne ihrer Anfangsgeschwindigkeit, die im Mittelwert bei 2600° K etwa 0,2 Volt beträgt. Von einer bestimmten Spannung, der Sättigungsspannung, an ist der Strom lediglich von der Temperatur abhängig, womit der Anschluß an das Richardsonsche Gesetz erreicht ist.

13. Das Raumladungsgesetz von Langmuir-Schottky.

Theoretisch werden die Raumladungserscheinungen unter Vernachlässigung der Anfangsgeschwindigkeiten der Elektronen von dem Raumladungsgesetz von Langmuir-Schottky erfaßt, das lautet:

$$J = K E_a^{\frac{3}{2}}; \tag{9}$$

worin K eine von der geometrischen Anordnung der Röhre abhängige Konstante ist. Bei einer zylindrischen Anode vom Radius r mit axialer Kathode von der Länge l beträgt

$$K = \frac{2\sqrt{2}}{9} \sqrt{\frac{e}{m}} \times \frac{l}{r} \tag{10a}$$

$$= \frac{14{,}69 \times 10^{-6}\, l}{r}, \tag{10b}$$

während für parallele ebene Elektroden im Abstande d sich ergibt

$$K = \frac{2{,}33 \times 10^{-6}}{d^2}. \tag{11}$$

Wir wollen nun mit der in Fig. 6 schematisch dargestellten Anordnung die Elektronenemission experimentell verfolgen. Die Kathode K der Röhre R ist dabei im allgemeinen elektrisch geheizt aus einer Stromquelle B_H. Die bei Weißglut des Fadens emittierten Elektronen werden unter dem Einflusse der Gleichspannung der Anodenbatterie B_A zur Anode A gelenkt. Der so entstehende Anodenstrom J_a, der in der Richtung vom positiven Pol der Anodenbatterie zur Anode durch die Röhre zur Kathode im Sinne des eingezeichneten Pfeils als positiv angenommen wird, kann in einem empfindlichen Amperemeter gemessen werden. Nimmt man nun in Abhängigkeit von der Anodenspannung E_a den Strom auf, so ist nur noch zu beachten, daß man in der Röhrentechnik die Anodenspannung von der Anode gegen das sogenannte negative Fadenende mißt, d. h. gegen denjenigen Punkt der Kathode, an den der negative Pol der Heizbatterie angeschlossen ist.

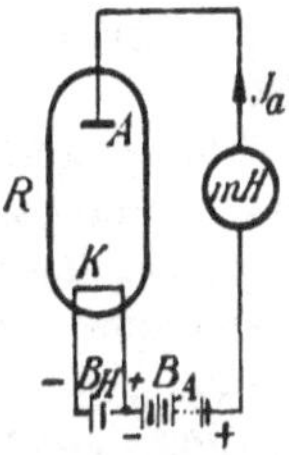

Fig. 6. Schema einer technischen Zweielektrodenröhre.

Die in Fig. 7 dargestellte, experimentell aufgenommene Anodenstromkurve $I_a = f(E_a)$ entspricht nun dem Richardsonschen Gesetze im oberen horizontalen Teile, dem Sättigungsstrome und dem Raumladungsgesetze im unteren Knick und dem geraden Teile. Im Grenzgebiete ergibt sich eine Abrundung, für die die rücktreibende Kraft des Magnetfeldes des Heizstromes und ähnliche Einflüsse sekundärer Ordnung verantwortlich zu machen sind.

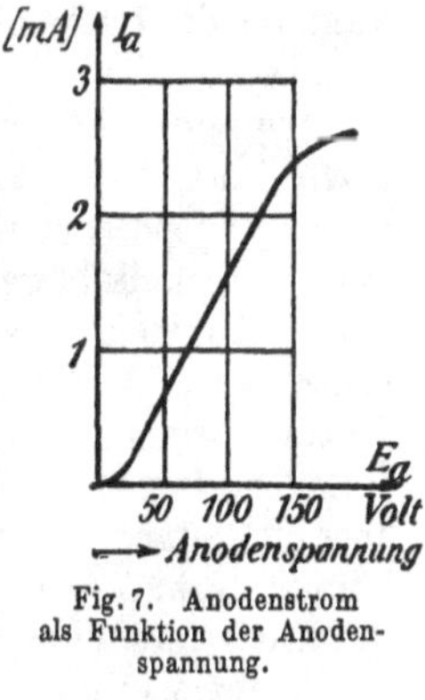

Fig. 7. Anodenstrom als Funktion der Anodenspannung.

14. Güte des Vakuums.

Wir werden später sehen, daß auf der Raumladung die wesentlichsten Anwendungsmöglichkeiten der Elektronenröhren beruhen, und daß die besonderen Funktionen der Röhren durch sie bedingt sind.

Für bestimmte Zwecke erscheint es erstrebenswert, die Raumladung zu beseitigen. Dies geschieht am einfachsten dadurch, daß man die Bedingung unerfüllt läßt, unter der erst Raumladung auftritt. Diese ist nämlich an ein hohes Vakuum gebunden. Sobald Moleküle durch Ionenstoß gespalten werden, wird die negative Ladung der Elektronen durch positive Ionen kompensiert, so daß schon kleine positive Spannungen genügen, um die Elektronen zur Anode abzuführen. Der Sättigungsstrom stellt sich sehr rasch ein. Wir werden später sehen, daß gerade dort, wo ein steiler Anstieg erwünscht ist, nämlich beim Verstärker, der Ionenstrom ebenso unerwünscht ist und hier durch ein schlechtes Vakuum die Raumladung nicht beseitigt werden darf.

Ein schlechtes Vakuum ist nicht gleichbedeutend mit der Füllung eines bestimmten Gases. Für andere Zwecke macht man gelegentlich hiervon Gebrauch. Auch hierauf haben wir später einzugehen. Die Geschichte der Hochfrequenztechnik beweist, daß die Röhre erst mit der technischen Herstellung von einem hohen Vakuum ihre natürlichen Vorzüge als masseloses Relais technisch zur Geltung bringen konnte.

Bevor wir nach einem kurzen geschichtlichen Überblick über die Anfänge der Röhrentechnik auf die Grundzüge der Vakuumtechnik eingehen, sei noch erwähnt, was man eigentlich unter einem „guten“ Vakuum zu verstehen hat.

Arbeitet man mit kleinen Anodenspannungen unterhalb der Sättigungsspannung, so sind Abweichungen vom Langmuir-Schottkyschen Raumladungsgesetze stets auf Ionen zurückzuführen. Für ein sicheres Arbeiten ist ein Vakuum notwendig, bei dem keine Stoßionisation mehr auftritt, d. h. in dem die mittlere freie Weglänge größer ist als die Flugbahn der Elektronen. Dies ist aber bei 10^{-6} mm Hg und noch kleineren Drucken der Fall. Obwohl dann von einer Milliarde Molekülen alle bis auf eines weggepumpt sind, kommen immer noch 28 Milliarden auf 1 cm^3.

15. Der Fleming-Detektor.

In der Zweielektrodenröhre erlebten die langsamen Kathodenstrahlen die erste technische Anwendung in ihrer Eigenschaft als Unipolarstrom. Eine solche Röhre mit einer heißen Elektrode zur Erzeugung von Glühelektronen und einer kalten läßt bei Anlegung einer Wechselspannung zwischen beiden nur einen halbwelligen Strom durch, und zwar fliegen die Elektronen auf Grund der elektrostatischen Anziehung entgegen dem positiven Potentialgefälle zur Anode, während ein solcher Elektronenstrom im Momente eines negativen Potentials an der Anode nicht zu fließen vermag. Diese Gleichrichter- oder Detektorwirkung wurde zuerst durch Fleming im Jahre 1905 bekannt. Im Laufe der Jahre hat dieser Detektor manche Verbesserungen erfahren, so daß es gelungen ist, die geringe Konstanz der Ausschläge bei dem Flemingschen Wellenanzeiger zu überwinden. So verwendete Marconi noch in neuester Zeit bei seinen transatlantischen Versuchen einen Ventildetektor nach Fleming mit einem Kohlenzylinder als Anode und einem Wolframdraht als Kathode. Eine bedeutsame Ausführung eines Detektors stammt von A. Wehnelt aus dem Jahre 1906, der als glühende Kathode einen mit einem Metalloxyd bedeckten Draht und als Anode einen damit koaxialen Hohlzylinder aus Aluminium verwandte. Als Entladungsgefäße dienten damals Glühlampen.

16. Die Lieben-Röhre.

Die Elektronenröhre der gebräuchlichsten Form ist aber R. v. Lieben zuzuschreiben, der in einer vom 3. März 1906 datierten Patentschrift, D.R.P. 179807, Anordnungen beschreibt, die im Strahlengange eine dritte gitterähnliche Elektrode, das sogenannte Gitter, enthalten, mit der die Wirkung der Röhre wesentlich unterstützt wurde. Diese Lieben-Röhre enthält nach der Darstellung von Fig. 8 eine Wehnelt-Kathode, deren Konstruktion der Glühlampentechnik entnommen ist. Sie besteht aus einem zickzackförmig aufgehängten, um die Röhrenachse rundum geführten Platinband mit Kalziumoxydüberzug, während die Anode eine in der Röhrenachse liegende Spirale aus Nickel ist.

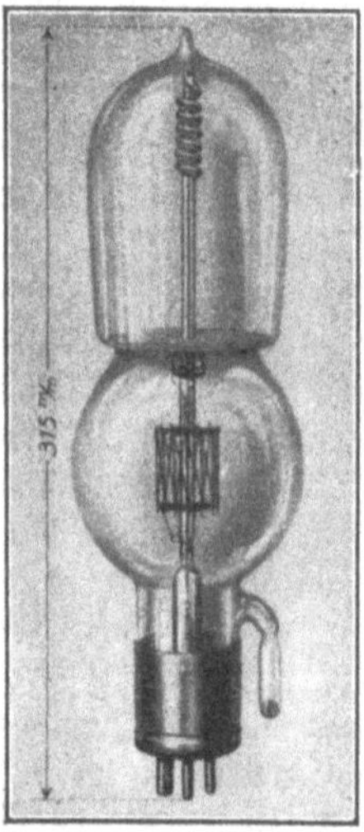

Fig. 8. Lieben-Röhre.

Diese Röhre erfreute sich einer vielfachen Verwendung bei der Verstärkung von Telephonieströmen. In dem Maße, als es gelang, den Druck der Gasfüllung, die in der Hauptsache aus Quecksilber bestand, von einigen Hundertstel Millimetern bis auf einige Millionstel und noch weniger zu verringern, wurden ihre Trägheitserscheinungen und ihre Inkonstanz überwunden und von ihr die Verstärkung von Strömen höherer und höchster Periodenzahl oder Frequenz erreicht.

In Fig. 8 sehen wir am Fußende der Röhre einen Stecker mit 4 Stiften, den sogenannten Röhrensockel, an den einerseits die im Vakuum sitzenden Elektroden durch Verbindungsdrähte angeschlossen sind und der andererseits durch Zusammenstecken mit einer entsprechenden Fassung den Anschluß an die Stromquellen ermöglicht. Um auf jeden Fall den Anschluß der hohen Anodenspannung an den Faden zu verhindern, ist die Unverwechselbarkeit desselben erforderlich.

Diese wird bei dem nach der „Gesellschaft für drahtlose Telegraphie" benannten Telefunkensockel (s. Fig. 9) da-

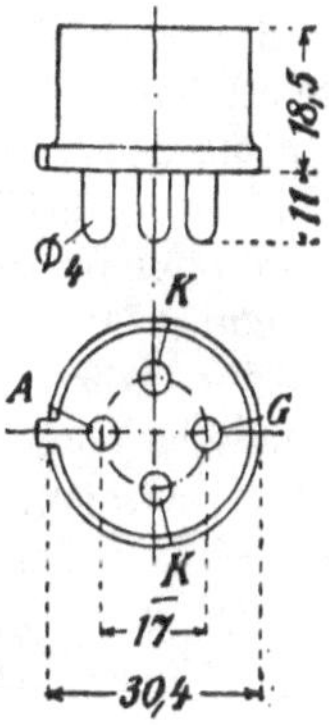

Fig. 9. Telefunken-Sockel.

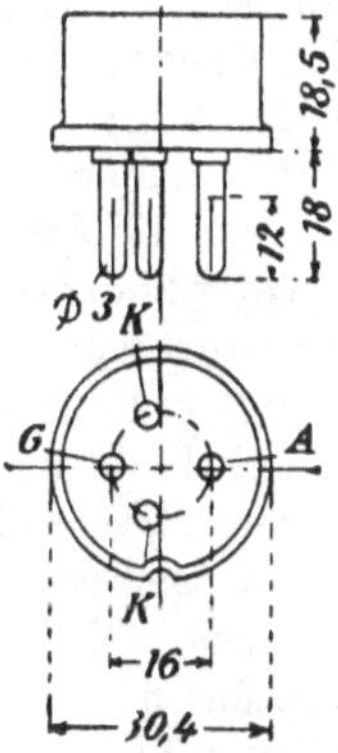

Fig. 10. Europa-Sockel.

durch erzielt, daß die Anode am Umfang des Sockels durch einen vorspringenden Ansatz markiert ist, der in einen entsprechenden Schlitz der Fassung paßt. Neuerdings wird für normale Verstärkerröhren der sogenannte Europasockel (Philips-Sockel) verwendet, bei dem die Unverwechselbarkeit des Anschlusses durch größeren Abstand des Anodenstiftes von den anderen Stiften gewährleistet ist (Fig. 10).

Die fabrikationsmäßige Herstellung der Elektronenröhren verdankt den

17. Erfahrungen aus der Glühlampentechnik außerordentlich viel. Von dort her konnte zunächst Wolfram als gutes Fadenmaterial übernommen werden, da sich herausstellte, daß dieses Metall den spezifischen Anforderungen an eine gute Glühkathode: Hohe Elektronenemission bei niedrigem Heizwattverbrauch, lange Lebensdauer und gleichmäßige Emission über die ganze Oberfläche des Fadens weitgehend genügt. Ferner weiß man aus der Glühlampentechnik, daß ein hohes Vakuum die Lebensdauer des Glühfadens erhöht, und daß auf möglichst vollkommenes Entfernen von Wasserdämpfen zu achten ist, da diese der Kathodenzerstäubung Vorschub leisten. Während früher durch stundenlanges Pumpen die notwendige Vakuumgüte von 10^{-3} mm Hg erreicht wurde, erhält man heutigen Tages in der Glühlampenfabrikation in etwa 3 Minuten eine Druckreduzierung von 750 mm auf 10^{-3} mm Hg. Das mechanische Pumpverfahren wird nun verbessert durch elektrophysikalische und vakuumchemische Vorgänge, die wir mit dem Worte „Gasaufzehrung" zusammenfassen wollen. Ein solcher Prozeß besteht einfach darin, daß man bei dem üblichen Verfahren der Entgasung der Metallteile durch starke Belastung des Glühfadens unmittelbar vor dem Abschmelzen der Lampe von der Pumpe eine kleine Menge von Arsen, Schwefel, Jod oder Phosphor in das Vakuumgefäß hineindestillieren läßt. Diese Prozesse sind weitgehend für die technische Herstellung hochevakuierter Elektronenröhren herangezogen worden.

Es sollen nun zunächst die Pumpen und Pumpverfahren, hierauf die wichtigsten Substanzen, die Gasaufzehrung bewirken, und am Schlusse dieses Abschnitts die Meßverfahren für hohe Vakua beschrieben werden.

18. Die Grundbegriffe der Pumptechnik.

Eine moderne Pumpanlage für Hochvakuum besteht im allgemeinen aus mehreren Teilen. Wie wir schon gesehen haben, wird die Vakuumgüte in der Druckhöhe einer Quecksilbersäule von 1 cm² Querschnitt, gemessen in Millimeter, angegeben. Der gesamte Druckunterschied zwischen der Außenluft und dem zu evakuierenden Gefäße, dem Rezipienten, wird in mehrere Druckstufen unterteilt, die die abgezogenen Gase der Reihe nach durchwandern. Zur Trennung der einzelnen Druckstufen dienen Sperrflüssigkeiten aus Wasser, Öl oder Quecksilber. Die direkt am Rezipienten liegende Pumpe liefert das Vorvakuum bzw. das erste Vorvakuum mit dem Arbeitsgebiet von 760 mm bis zirka 10 mm, während das zweite Vorvakuum auf zirka 10 mm bis 10^{-3} mm anzusetzen ist und das eigentliche Hochvakuum darunter liegt bis zu den höchsten Verdünnungsgraden, die auf Grund der heutigen Pumptechnik bis auf 10^{-7} mm herunterreichen.

Das Signalement für jede Vakuumpumpe liefern die drei charakteristischen Merkmale des Außen- oder Gegendrucks, des Grenzdrucks und der Sauggeschwindigkeit bzw. der Saugleistung.

Der Außen- oder Gegendruck ist der Druck, auf welchen die aus dem Rezipienten durch die Pumpe zu befördernde Luftmenge gebracht wird.

Der Grenzdruck ist der geringste Druck, den man in dem an die Pumpe angeschlossenen Rezipienten überhaupt erreichen kann.

Die Sauggeschwindigkeit ist die Anzahl der Kubikzentimeter des Gases, die aus dem Rezipienten unter dem jeweils herrschenden Drucke in der Zeiteinheit entnommen werden, während man unter Saugleistung das gesamte in der Zeiteinheit aus dem Rezipienten entnommene Gasvolumen versteht.

19. Einteilung der Vakuumpumpen.

Der oben festgestellte Unterschied zwischen Vor- und Hochvakuumpumpen liefert auch Merkmale für die Unterscheidung der Pumpen in konstruktiver Hinsicht.

So ist als gemeinsames Merkmal sämtlicher Vorvakuumpumpen ein beweglicher Kolben oder Schieber anzu-

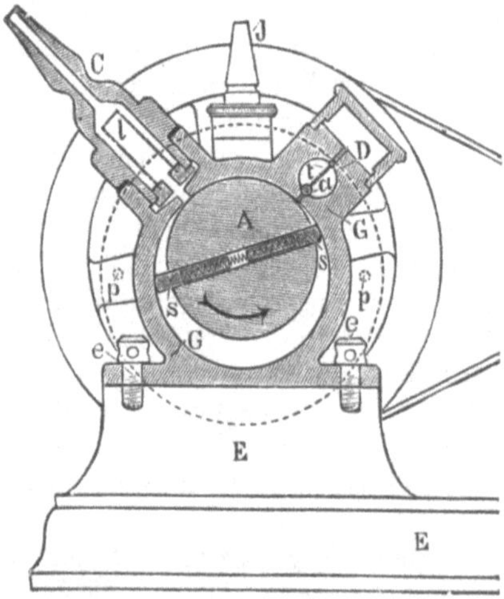

Fig. 11. Querschnitt der rotierenden Kapselpumpe von Gaede.

sehen, der im Zylindergehäuse periodisch von der Anschlußstelle des Rezipienten zu dem Ausgangsventil in die Außenluft sich bewegt und auf diese Weise die Luft nach außen befördert. Die Bewegung selbst ist bei den eigentlichen Kolbenpumpen eine geradlinige. Die in Fig. 11 und 12 abgebildete Gaedesche Kapselpumpe, die von der Firma E. Leybolds Nachfolger auf den Markt gebracht wird, besitzt einen rotierenden Kolben und federnden Gleitschieber und liefert bei einer Antriebsleistung von etwa 100 Watt eine Sauggeschwindigkeit von 110 cm^3/sec.

Statt Metallkolben kann man auch Flüssigkeitskolben anordnen. So arbeiten Luftpumpen nach Geißler-Töpler mit geradliniger Bewegung und die Quecksilberpumpe von Gaede nach dem Rotationsprinzip.

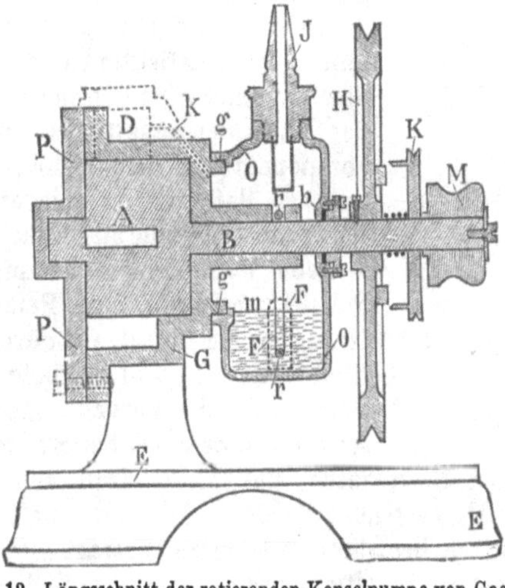

Fig. 12. Längsschnitt der rotierenden Kapselpumpe von Gaede.

All diesen Systemen ist die luftdichte Absperrung zwischen Rezipient und Außenluft und die Anordnung von Ventilen gemeinsam im Gegensatz zu der in Fig. 13 dargestellten Molekularpumpe von Gaede, gebaut von Leybolds Nachfolger, Köln. Diese Pumpe hat einen Gegendruck von 10^{-3} mm Hg. Auf dem Umstande, daß die freie Weglänge der Moleküle bei diesem Druckniveau einige Zentimeter beträgt, beruht die Möglichkeit der hier angestrebten Beeinflussung der Molekulargeschwindigkeiten.

Von da an ist nämlich, im Gegensatz zu höheren Drucken, die Zahl der Zusammenstöße der Moleküle unter sich gegenüber den Stoßzahlen zwischen Molekülen und Pumpwandungen zu vernachlässigen. Gaede erreicht dadurch eine Saugwirkung, daß er mit einer sehr hohen Umdrehungszahl einen mit Nuten D versehenen Zylinder A um die Achse a in dem Gehäuse B rotieren läßt. Bei der Reflektion an der rotierenden Trommel wird den bei n einfallenden Molekülen eine Geschwindigkeitskomponente in der Drehrichtung erteilt, so daß den verschiedensten Geschwindigkeiten die ausgezeichnete von n nach m laufende überlagert wird. Schaltet man nun eine Reihe solcher Nuten in dem Aufsatze K durch Kanäle hintereinander und schließt an der Saugdüse T die Vorvakuumpumpe an, so kann in dem am Saugrohre S angeschlossenen Rezipienten ein Vakuumgrad von 10^{-5} bis 10^{-7} mm Hg erreicht werden. Die maximale Sauggeschwindigkeit liegt bei 10^{-2} mm und beträgt 1400 cm³/sek.

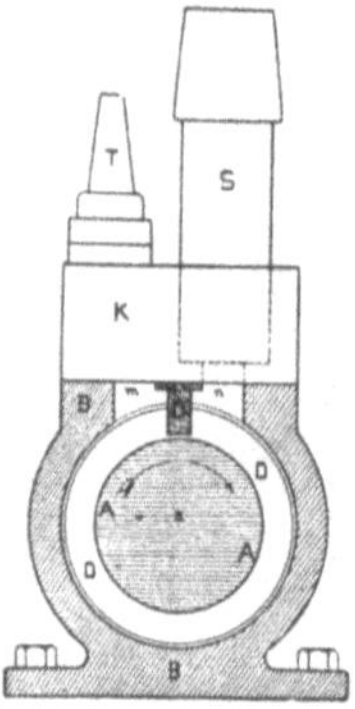

Fig. 13. Querschnitt der Molekularluftpumpe von Gaede.

Eine restlose Beseitigung sämtlicher beweglicher Teile im Evakuierungsprozesse ermöglichten aber erst die modernen

20. Quecksilberstrahlpumpen,

die gegenwärtig die Hochvakuumtechnik vollständig beherrschen.

Im allgemeinen befindet sich das zur Erzeugung des Strahles notwendige Quecksilber in einem Siedegefäß B (Fig. 14), in dem Dampf bei einem Drucke von 10 mm oder mehr erzeugt wird. Das Gefäß verjüngt sich nach oben in eine Röhre, die durch eine starke Einschnürung in die

Düse N ausmündet. Hier tritt der Strahl mit großer Geschwindigkeit aus und, die Röhre E ganz erfüllend, in das Kondensatorgefäß D ein, von wo das kondensierte Quecksilber durch die dargestellte Rücklaufröhre wieder in das Gefäß B gelangt.

Aus dem bei C angeschlossenen Rezipienten treffen nun die in ungeordneter kinetischer Bewegung sich befindenden Gasmoleküle auf den mit möglichst großer Geschwindigkeit aus N austretenden Dampfstrahl, wo sie eine Geschwindigkeitskomponente in Richtung des Strahls bekommen und in das Vorvakuum D getrieben werden. Im Sinne dieser Strahlwirkung vollzieht sich gleichzeitig eine Diffusion der Gasmoleküle aus dem Rezipienten heraus in den Strahl hinein, da sich in dem Strahle keine Fremdgase befinden und deren Partialdruck also im Innern des Gases Null ist. Der Diffusionsvorgang hängt nämlich von der Differenz der Partialdrucke ab.

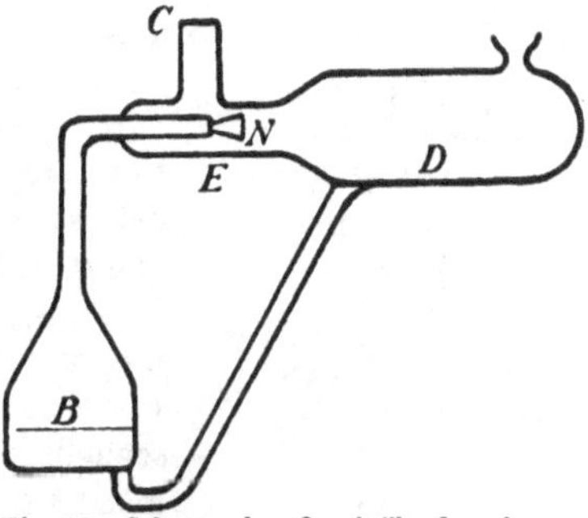

Fig. 14. Schema der Quecksilberdampfpumpe von Crawford.

Da die an der Glaswand reflektierten Dampfmoleküle keine ausgezeichnete Richtung und damit keine Saugwirkung mehr besitzen, kommt es wesentlich darauf an, den Strahl möglichst parallel gerichtet so lange zu leiten, als er den Hochvakuumraum passiert. Crawford, von dem die in Fig. 14 dargestellte Pumpe stammt, konstruierte für eine bestimmte Strömungsgeschwindigkeit die Düse derart, daß der Strahl die obige Bedingung weitgehend erfüllte. Seine Pumpe, mit der er Sauggeschwindigkeiten bis zu 1000 cm^3/sec erreichte und die überhaupt keinen ausgesprochenen Grenzdruck mehr besitzt, hat den Nachteil einer starken Temperaturabhängigkeit der Sauggeschwindigkeit.

21. Kondensationspumpen.

Während nun Gaede bei seiner Diffusionspumpe (s. Fig. 15) die in den Strahl diffundierten Gasmoleküle auf demselben in die Kondensationskammer transportiert und während Crawford diesen Vorgang durch geeignete Düsenkonstruktion möglichst intensiv ausbildet, kommt es Langmuir bei seiner in Fig. 16 prinzipiell dargestellten Kondensationspumpe in erster Linie auf die Übertragung der Impulse der schnell bewegten Quecksilbermoleküle auf die leichteren Gasmoleküle an, wobei er die Quecksilberatome selbst durch Anordnung von sehr energisch wirkenden Kondensierungsmitteln schnell aus dem Strome der gemischten Gase durch Niederschlag an den Wänden entfernt. Wie man sieht (Fig. 16), liegt die Öffnung L des Heizrohres B, in dem das in A siedende Quecksilber hochsteigt, etwas unterhalb der Einmündung des Kühlrohres K_2 in den Kondensations-

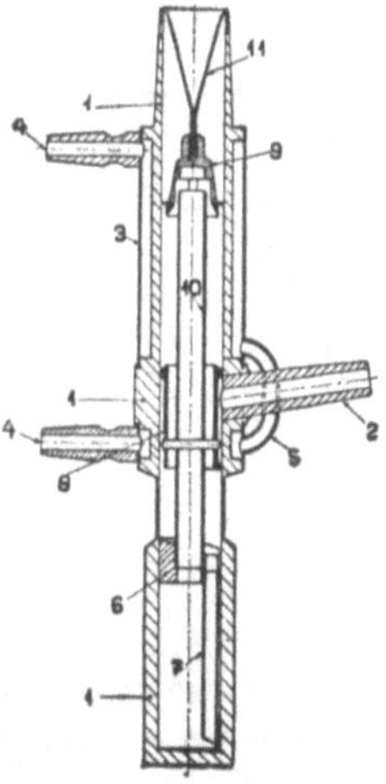

Fig. 15. Querschnittsbild der Diffusionsluftpumpe Modell C von Gaede.

1 Gehäuse aus Stahlrohr, oben verjüngt zum Anschluß des Rezipienten. 2 Rohrstutzen für Vorpumpe. 3 Außenrohr des Kühlmantels. 4 Schlauchtüllen für Wasserkühlung. 6 Abdichtplatte. 7 Rücklaufrohr für kondensiertes Quecksilber. 8 Dampfabschlußkörper. 9 Düse. 10 Dampfrohr. 11 Haltefeder.

raum C. Das durch den Kühlmantel S fließende Kühlmittel fließt bei K_1 wieder ab. Bei F ist das Hochvakuum, das Vorvakuum bei V angeschlossen. Das kondensierte Quecksilber fließt durch D wieder nach A. Die Sauggeschwindigkeit der Pumpe beträgt 1500—3000 cm³/sec und ist weitgehend unabhängig vom Vordrucke, da sie durch die hohe Dichte des Dampfstrahles hohe Druckdifferenzen über dem Spalte aufrechtzuerhalten vermag.

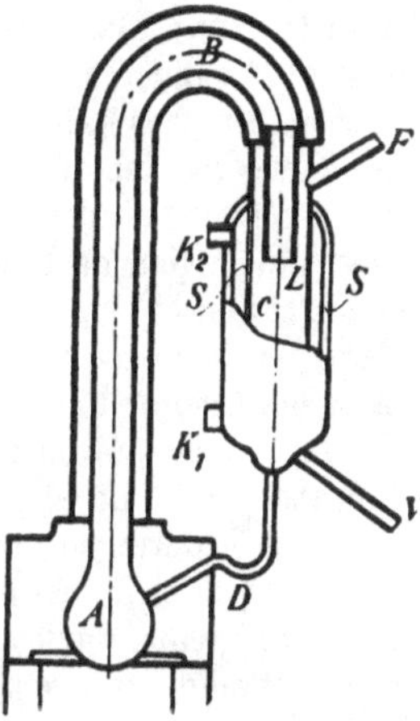

Fig. 16. Schema der Langmuirschen Kondensationspumpe.

Zweckmäßigerweise kann man den Quecksilberdampfstrahl auch in einem Quecksilberlichtbogen als Wärmequelle erzeugen, wie es bei der von Siemens & Halske A.-G. auf den Markt gebrachten Pumpe geschieht. Hier wird ein Quecksilberlichtbogen zwischen einer becherförmigen Kathode und einer diese ringförmig umschließenden Anode durch geringes Erschüttern entzündet.

Um vorzeitige Kondensation des Quecksilberdampfes zu verhindern, ist das Dampfleitungsrohr mit einem Widerstand versehen, der gleichzeitig den notwendigen Vorschaltwiderstand für den Lichtbogen bildet. Die Sauggeschwindigkeit ist größer als 3000 cm³/sec.

22. Die Evakuierung mit Absorptionsmitteln.

Die Verwendung der verschiedensten Pumpen erschöpft nicht die Möglichkeiten, hohe Vakua zu erzeugen. Vor der

Erfindung der eigentlichen Hochvakuumpumpen boten die allgemein als Absorption bezeichneten Erscheinungen überhaupt die einzige Möglichkeit, ein extremes Vakuum zu erzeugen. Neuerdings ist man bestrebt, durch sachgemäße Kombination des Pumpverfahrens mit den Methoden der Gasaufzehrung von gewissen Substanzen zu evakuieren, nachdem es endlich gelungen ist, wenigstens einigermaßen in die vakuumphysikalischen Vorgänge Klarheit zu bringen. Die Schwierigkeiten für eine exakte Erforschung liegen in der Unmöglichkeit der Trennung der verschiedenen Versuchsbedingungen, da beispielsweise elektrische Vorgänge wie Ionisationseffekte physikalische und chemische Veränderungen bedingen und man sich meist auf dem Randgebiete der Chemie und Physik bewegt.

Schon eine genaue Definition der Absorption macht Schwierigkeiten. Im allgemeinen versteht man hierunter ein solches Eindringen von Gasen und Dämpfen in feste Körper, daß sie sich über dessen Volumen gleichmäßig verteilen, ohne eine direkte chemische Verbindung einzugehen; während im Gegensatz hierzu die Adsorption eine Oberflächenerscheinung ist, die in der Bildung von Gasmolekülschichten an der Oberfläche fester Körper besteht. Unter Okklusion versteht man den Einschluß von größeren Gasmengen im Innern fester Körper derart, daß im allgemeinen eine Inhomogenität bewirkt wird.

Als Evakuierungsprozeß lassen sich diese Vorgänge anwenden in dem Sinne, daß auf der einen Seite Gasschichten auf den Elektroden in den zu vakuierenden Röhren weitgehend zerstört und willkürlich wieder erzeugt werden auf bestimmten Substanzen, die in besonderen, an den Rezipienten angeschmolzenen Adsorptionsröhren sich befinden.

Die Adsorptionsfähigkeit oder Aktivität gewisser fester Stoffe hängt von der chemischen Natur der Oberfläche ab. Die Adsorptionsgeschwindigkeit ist der Porosität proportional. Als eines der wichtigsten Adsorptionsmittel ist seit langem die Holzkohle bekannt, deren Aktivierung im Weltkriege gründlich untersucht wurde anläßlich der Herstellung von möglichst intensiven Adsorptionsmitteln für Gasmasken.

Die Absorption ist meist ein Vorgang chemischer und elektrochemischer Natur. Bei technischen Evakuierungsprozessen findet als Absorptionsmittel Kalziumdampf Verwendung, der die besonderen Eigenschaften hat, alle Gase bis auf die chemisch inaktiven Edelgase zu absorbieren.

Ferner sind die elektrischen Entladungserscheinungen meist von einer Druckverminderung begleitet, so daß wir mit Fug und Recht von einer

23. Elektrischen Gasaufzehrung

sprechen können. Es ist eine bekannte Tatsache, daß man beim Betrieb einer Röhre von schlechtem Vakuum im Laufe einiger Stunden ein beträchtlich besseres Röhrenvakuum erhält. Diese Erscheinung findet darin eine erschöpfende Erklärung, daß durch das heftige Aufprallen der Elektronen und Ionen auf den entsprechenden Elektroden eine Zerstäubung der Metallteile eintritt, wobei der Metallstaub in einem spiegelartigen Niederschlag auf den Glaswänden sich verteilt und in hohen Maße die Gasmoleküle absorbiert. Dieses Härterwerden wird bei den Röntgenröhren als unvermeidliches Übel angesehen und kann bei den Elektronenröhren zur nachträglichen Verbesserung der Vakuumgüte Verwendung finden.

Sowohl im Elektronenbombardement auf der Anode als auch im Ionenbombardement auf der Kathode werden dort befindliche neutrale Gasmoleküle aufgespalten. Ferner werden auf freier Strecke bei niedrigeren Drucken durch Stoß Ionen erzeugt. Während nun beispielsweise bei gewöhnlicher Temperatur die Durchschnittsgeschwindigkeit eines Wasserstoffmoleküls etwa 1900 m/sec beträgt, erhält ein Wasserstoffion bei der Ionisierung und dem Beschleunigungspotential von 1 Volt eine Geschwindigkeit von 9800 m/sec. Bei hohen Temperaturen erreicht dasselbe Ion in demselben Potentialfelde durch die Beschleunigung eine Energie, die Temperaturen von 7200—7800° C entspricht; also eine Energie, die imstande ist, das Ion chemisch mit den Metallmolekülen zu binden. Im allgemeinen findet sowohl Absorption durch große Eintrittstiefe als auch chemische Bindung der Gasionen statt. In der Regel handelt es sich um chemische Reaktion zwischen den Dämpfen des Kathodenmaterials und den Gasen, welche die elektrische Entladung aktiv gemacht haben.

Langmuir und andere haben eine Anzahl technisch einwandfreier Evakuierungsmethoden zur Beseitigung von Sauerstoff, Stickstoff, Kohlenmonoxyd und allen anderen Gasen durch glühende Wolframfäden angegeben, die in das Entladungsgefäß eingeschmolzen und dort verdampft werden. Dabei spielt letzten Endes eine elektrische Aufzehrung durch absorbierte und eine chemische durch gebundene Gasmoleküle die Hauptrolle.

24. Das Glühpotential.

Die neuesten Erforschungen der Zusammenhänge zwischen Druckverminderung und Entladung experimenteller Natur, die wir in erster Linie Campbell und seinen Mitarbeitern verdanken, ergaben bedeutsame Aufschlüsse über das Wesen des Glimmlichtes. In einer Röhre mit einer Wolframglühkathode und einem Nickeldraht als Anode wird bei steigender Anodenspannung der Elektronenstrom i in einem empfindlichen Galvanometer abgelesen. Wie man aus Kurve I der Fig. 17 sieht, entspricht die Anodencharakteristik bei hohem Vakuum durchaus dem Langmuir-Schottkyschen Raumladungsgesetze, wonach die Werte $i^{\frac{2}{3}}$ in Abhängigkeit von der Spannung V auf einer Geraden liegen müssen. Der Zustand von Kurve II entspricht der Anwesenheit von Restgasen mit einem Drucke von 10^{-3} mm Hg. Von dem Ionisationspotential V_0 ab erfolgt ein etwas stärkerer Anstieg, aber kein höherer Sättigungsstrom, da der Ionenstrom gegen den Elektronen-

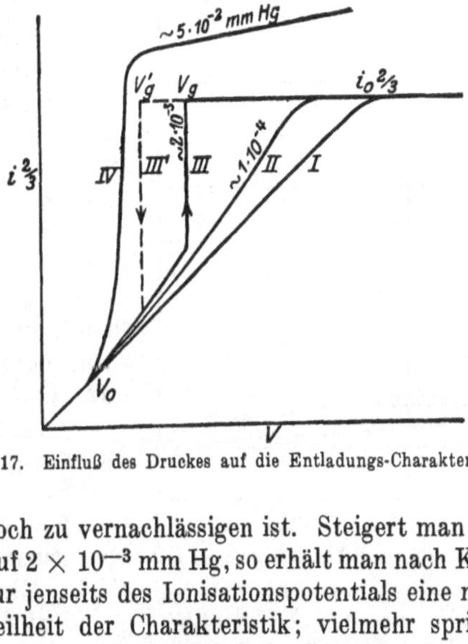

Fig. 17. Einfluß des Druckes auf die Entladungs-Charakteristik.

strom noch zu vernachlässigen ist. Steigert man nun den Druck auf 2×10^{-3} mm Hg, so erhält man nach Kurve III nicht nur jenseits des Ionisationspotentials eine noch größere Steilheit der Charakteristik; vielmehr springt von einem bestimmten Potential ab der Instrumentenausschlag plötzlich auf den Sättigungsstrom unter der Begleiterscheinung eines Aufleuchtens in der Röhre. Das kritische Potential heißt Glühpotential V_g. Durchläuft man nun die Stromspannungskurve zurück von großen zu kleinen Potentialwerten, so beobachtet man nach Kurve III' ein plötzliches Absacken bei einem niedrigeren Glühpotentiale V_g'. Diese Schleifenbildung oder Hystereseerscheinung hört bei einem Drucke von 0,05 mm Hg, wie Kurve IV zeigt, wieder auf. Übersteigt man das Ionisationspotential, so erscheint im Gefäße ein dichtes und helles Aufleuchten, ohne daß ein eigentliches Glühpotential auftritt.

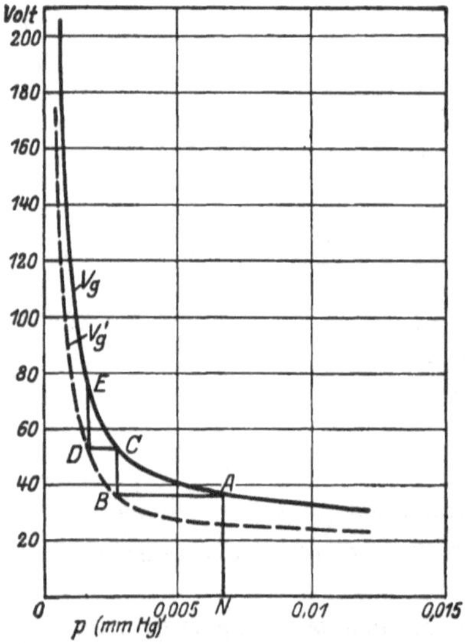

Fig. 18[1]). Das steigende und fallende Glühpotential.

Die Druckverhältnisse während dieser Vorgänge zeigt Fig. 18[1]). *A* ist das Glühpotential bei Anfangsdruck *N*. Das bei *A* einsetzende Leuchten bewirkt ein Verschwinden des Gases und Druckabnahme bis *B*, in welchem Punkte die Leuchterscheinung aussetzt und erst bei Steigerung der Spannung bis *C* wieder beginnt. Dort fängt das Spiel von neuem an.

Das Glühpotential ist auch von der Gasart abhängig und ist dem reziproken Molekulargewicht proportional. Bei entsprechender *Kühlung während der elektrischen Entladung sind neuerdings* erhebliche Aufzehrungen von Wasserstoff, Stickstoff und Argon gelungen.

[1]) Ist ebenso wie Fig. 17 dem Buche Dushman „Die Grundlagen der Hochvakuumtechnik", Verlag Julius Springer, Berlin 1926, entnommen.

25. Die Vakuummeßmethoden.

Die Vakuumtechnik wurde erst dadurch zur Technik, daß man einwandfrei ein Vakuum zu messen lernte. So viele Methoden es auch gibt, so wenige haben eine praktische Bedeutung, da bei den meisten Vakuummetern die theoretisch hohe Leistungsfähigkeit und Genauigkeit bei niedrigsten Drucken infolge der Gasabgabe ihrer eigenen unentgasten Konstruktionsteile bald illusorisch wird.

Nach dem Prinzip der Molekularpumpe arbeitet das Langmuirsche Molekularmanometer, das in der Hauptsache zwei horizontal hängende Scheiben enthält, von denen die eine in schnelle Rotation versetzt wird und die andere durch die Reflektion der Gasmoleküle nach Maßgabe des Druckes mitgenommen wird. Der Drehwinkel ist ein Maß für die Höhe des Vakuums. Diese Methode arbeitet zuverlässig bis zu einem Drucke von 10^{-7} mm Hg.

Bei der Messung von Drucken bis 10^{-5} mm Hg erfreut sich das Mac-Leodsche Manometer der größten Anwendung. Dieses Manometer stellt eine interessante Anwendung des Boyle-Mariotteschen Gesetzes auf sehr niedrige Drucke dar. Der gesuchte Druck wird durch Kompression der Gasmenge von bestimmtem Volumen auf ein sehr kleines, ebenfalls bekanntes Volumen viel tausendmal verstärkt und kann dann direkt mit entsprechendem Multiplikator an der Höhendifferenz zweier Quecksilbersäulen abgelesen werden.

Die Abhängigkeit der Wärmeableitung vom Gasdrucke fand in dem Glühfadenvakuummeter von Pirani eine Anwendung. Bringt man einen elektrisch geheizten Platinfaden in den zu untersuchenden Gasraum, so ist dessen Temperatur und somit dessen elektrischer Widerstand mit der Wärmeableitung von der Fadenoberfläche vom Drucke abhängig. Die Druckbestimmung ist damit auf eine Widerstandsmessung zurückgeführt, die sich nach einer Brückenmethode mit jeder gewünschten Meßgenauigkeit leicht ausführen läßt. Mit diesem Widerstandsmanometer können Drucke bis zu 10^{-7} mm Hg gemessen werden. Gegenüber dem Mac-Leodschen Manometer hat es den Vorzug, daß es nicht nur Partialdrucke von Gasen, sondern auch den Totaldruck anzeigt.

Auf den elektrischen Vakuumkriterien beruht das sehr empfindliche Ionisationsmanometer, mit dem wir uns noch später zu beschäftigen haben.

Nachdem wir nun in Abschnitt I mit den wichtigsten Gesetzen der Vakuumphysik und mit dem Wesen der Vakuumtechnik vertraut wurden, können wir nun daran gehen, das Wesen der Röhre als elektrotechnisches Gerät in Abschnitt II kennenzulernen.

II. Wesen und Wirkungsweise der Elektronen-Röhre.

26. Die technischen Möglichkeiten der Elektronen-Röhre.

Wir haben in § 15 gesehen, daß die Ventilwirkung der Kathodenstrahlen eine naheliegende Anwendung im Fleming- und Wehnelt-Detektor als Gleichrichter erfuhr. In den verschiedenen Empfangseinrichtungen ist dieses Prinzip reichlich variiert und in mannigfachen Schaltungen zur Anwendung gebracht.

In § 16 haben wir gesehen, daß die von Lieben eingeführte Dreielektrodenröhre sich vorzüglich zu Verstärkern eignet. Im Laufe der Zeit haben sich unter fast ausschließlicher Verwendung der Dreielektrodenröhren eine ganze Anzahl Verstärkerschaltungen eingebürgert.

Die „Verstärkung" besteht immer darin, daß die zu verstärkende Energie lediglich die formgetreu vergrößerte Energie einer ortsfesten Stromquelle auszulösen hat. Es handelt sich hier um eine Leistungsverstärkung im Gegensatz zum Transformator, bei dem beispielsweise an der Sekundärseite ein auf Kosten der Spannung verstärkter Strom abgenommen werden kann und die Leistung, abgesehen von den Verlusten, gleichbleibt. Eine formgetreue Vergrößerung der Anodenspannung gegenüber der steuernden Gitterspannung kann bei der Elektronenröhre ins Millionenfache gesteigert werden. Mittels besonderer Schaltungen kann die Röhre zur Verstärkung von Strömen niederster Frequenz bis herunter zu Gleichströmen eingerichtet und mittels anderer Schaltungen hochfrequente Verstärkung erzielt werden. Man beherrscht sowohl das Wellenspektrum als auch den Verstärkungsgrad in den weitesten Grenzen, weil die Elektronen praktisch masselos sind und keine Trägheitserscheinungen bedingen.

Ein drittes Anwendungsgebiet für die Röhre ist der Schwingungserzeuger. Der Röhrenverstärker kann dadurch zum Generator eingerichtet werden, daß in besonderen Schaltungen ein Teil der verstärkten Energie wieder zum Gitter und in bestimmter Richtung noch einmal durch die Röhre geschickt wird.

Wir werden nun sehen, daß die Wirkungsweise der Röhre von den Röhrendimensionen selbst und von den äußeren Schaltungselementen abhängt. Den Einfluß der Röhre wollen wir nun zunächst beim Röhrenverstärker untersuchen und nach Barkhausen die Brauchbarkeit der Röhre für Verstärkerzwecke mit „Röhrengüte" bezeichnen.

27. Der Verstärker.

Das Prinzip einer einfachen Verstärkerschaltung sehen wir in Fig. 19. Diese Schaltung dient zur Verstärkung von

Telephonieströmen. Der Fernhörer T liegt, wie wir sehen, im Anodenkreise einer Eingitterröhre, deren Gitterkreis über einen Transformator Tr, den sogenannten Eingangstransformator, von irgendeiner Energiequelle, beispielsweise dem Mikrophon einer Fernsprechstation, gespeist wird.

Die Verstärkung kommt dadurch zustande, daß die zu verstärkende Leistung $\mathfrak{R}_g$ nur zur Erzeugung der steuernden Spannung am Gitter verwandt wird, während die von der Röhre gelieferte Leistung $\mathfrak{R}_a$ von der Anodenbatterie stammt und somit leicht ein Vielfaches der Steuerleistung betragen kann. Das gegebene Maß für den Verstärkungsgrad wäre daher das Verhältnis zwischen der zu verstärkenden Leistung $\mathfrak{R}_g$ und der gelieferten Anodenwechselstromleistung $\mathfrak{R}_a$. In der Schwachstromtechnik ist nun in der Lautstärke des Telephons der Anodenwechselstrom der Messung leicht zugänglich, weshalb wir als linearen Verstärkungsgrad W den Wurzelwert aus dem Leistungsverstärkungsgrad einführen:

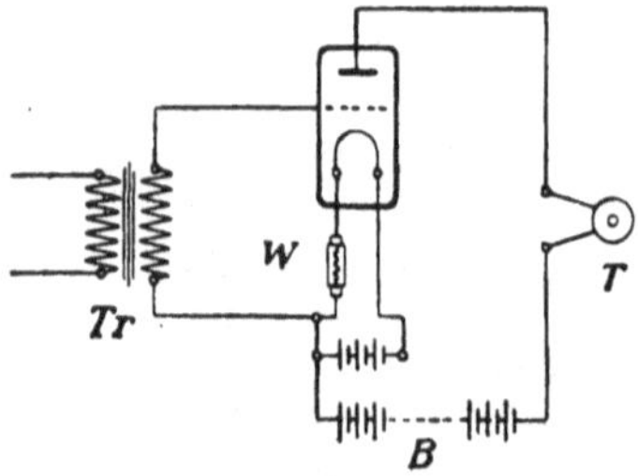

Fig. 19. Verstärkerschaltung.

$$W = \sqrt{\frac{\mathfrak{R}_a}{\mathfrak{R}_g}}. \tag{12}$$

Den Verstärkungsvorgang selbst wollen wir an Hand der Fig. 20 analysieren. Hier sehen wir zunächst eine Darstellung für den Anodenstrom, wie wir sie aus Fig. 7 schon kennen. Dort ist der Anodenstrom in Abhängigkeit von der Anodenspannung bei einer Zweielektrodenröhre, hier von der Gitterspannung bei einer Dreielektrodenröhre aufgetragen. Der Charakter der beiden Kurven ist durchaus gleich. Wir haben einen von der Temperatur abhängigen Sättigungsstrom und einen durch die Raumladung bestimmten Anstieg. Während wir aber nach Fig. 7 nur für positive Anodenspannungen einen Anodenstrom erhalten,

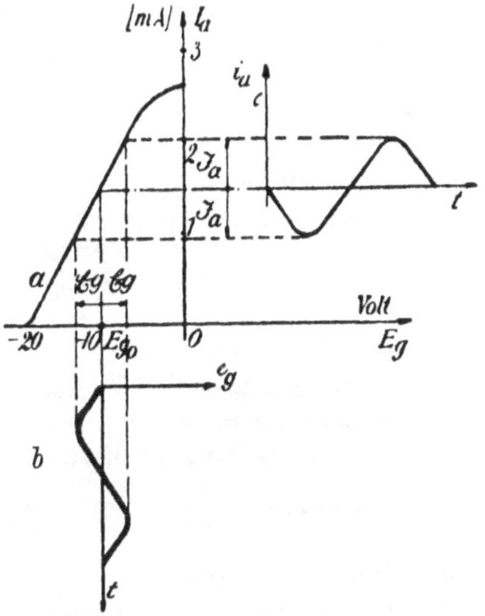

Fig. 20. Analyse des Verstärker-Vorganges.

verläuft die ganze Charakteristik des Anodenstromes der Fig. 20a im Gebiete negativer Gitterspannungen. Mit der Zunahme der negativen Gitterspannung wird der Anodenstrom kleiner, mit Abnahme derselben bis zum Sättigungswert größer. Für die Kurve des Anodenstroms in Abhängigkeit von der Gitterspannung hat sich der Name „Kennlinie" eingebürgert.

Vergleichen wir den Abszissenmaßstab der Fig. 7 und 20 miteinander, so fällt uns außer der schon genannten Linksverschiebung der Kurve der Fig. 20a gegenüber der Kurve von Fig. 7 noch ein zweiter Unterschied auf. Beiden Kurven liegt eine Röhre mit Zylindersymmetrie nach Fig. 21 zugrunde, wobei zu beachten ist, daß die Anode A der zur Fig. 7 gehörenden Zweielektrodenröhre etwa an der Stelle des Gitters G der Dreielektrodenröhre liegt. Wir durchlaufen nun mit einer Gitterspannung von —18 bis 0 Volt denselben Anodenstrom von 0—2,7 mA, wie mit einer Anodenspannung von 0—150 Volt. Mit einem Bruchteil der Anodenspannung am Gitter erzielen wir also denselben Anodenstrom.

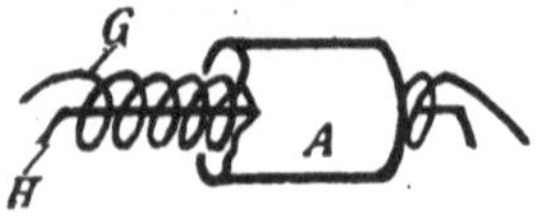

Fig. 21. Röhren-Anordnung mit Zylinder-Symmetrie.

28. Der Gitterstrom.

Eine wesentliche Voraussetzung für die Ähnlichkeit der Anodenstromkurve bei der Zwei- und Dreielektrodenröhre ist der, daß überhaupt kein Gitterstrom fließt. Die Kurven-

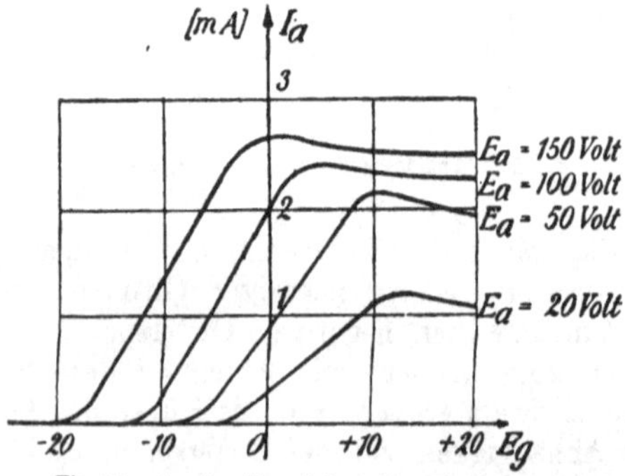

Fig. 22. Anoden-Kennlinien einer Verstärkerröhre.

schar der Fig. 22 zeigt die Charakteristik der Fig. 20a als die ganz links eingezeichnete Kennlinie für die Anoden-

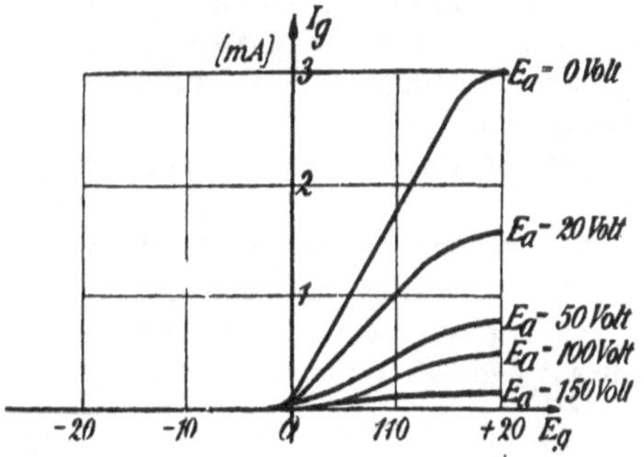

Fig. 23. Gitterkennlinien einer Verstärkerröhre.

spannung E_a von 150 Volt. Wird mit der Anodenspannung von 100 Volt in Abhängigkeit von der Gitterspannung der Anodenstrom aufgetragen, so fällt auf, daß der Sättigungsstrom J_s im oberen Kennlinienknick nicht mehr erreicht wird und der Anodenstrom bei weiter wachsender Gitterspannung wieder fällt. Je mehr man auf Kennlinien niedrigerer Anodenspannungen übergeht, desto kleiner wird für eine bestimmte Gitterspannung der zugehörende Anodenstromwert. Fig. 23 bringt die Erklärung dieser Er-

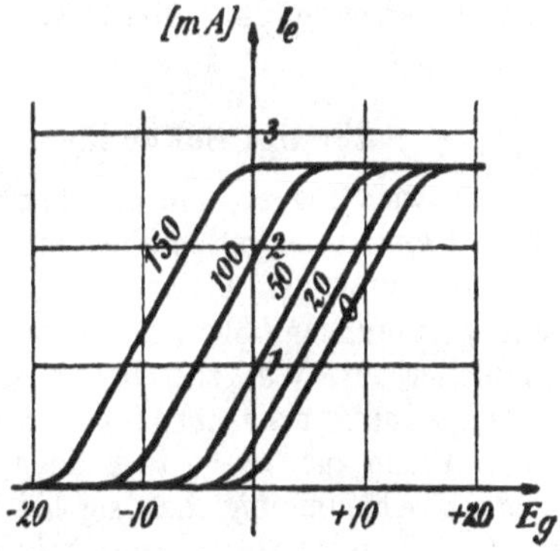

Fig. 24. Emissionsströme einer Verstärkerröhre.

scheinung. Dort sehen wir für die Anodenspannungen der Fig. 22 in Abhängigkeit von der Gitterspannung den Gitterstrom aufgetragen und beobachten, daß für eine bestimmte Gitterspannung mit abnehmender Anodenspannung die Elektronen immer stärker zum Gitter hingezogen werden.

Der gesamte aus der Kathode emittierte Strom, der sogenannte Emissionsstrom J_e, ist aber, wie die Kurvenschar der Fig. 24 experimentell bestätigt, durchaus dem Raumladungsgesetz unterworfen und in jedem Momente gleich der Summe aus dem Anodenstrome J_a und dem Gitterstrome J_g, so daß wir schreiben können:

$$J_e = J_a + J_g\,. \tag{13}$$

Da jede mit einem negativen Potential belegte Elektrode stromlos wird, ist sowohl die Kurve $J_a = f(E_g)$ für $E_a = 150$ Volt der Fig. 22 bis zum Sättigungspunkt und $J_g = f(E_g)$ für $E_a = 0$ Volt der Fig. 23 eine normale unverzerrte Charakteristik, wie sie uns aus § 13 bekannt ist.

29. Die Sekundärelektronen.

Die in den Fig. 22 und 23 dargestellten Anoden- und Gitterstromkurven gelten aber nur, wenn eine der beiden Betriebsspannungen kleiner als etwa 20 Volt ist. Sind beide Spannungen höher, so weisen die Kennlinien starke Anomalien auf. Wird z. B. bei hoher Anodenspannung die Gitterspannung noch höher als diese, so erhalten die von der Kathode zur Anode fliegenden Elektronen eine derartige Beschleunigung, daß sie bei ihrem Einfall an der Anode Sekundärelektronen befreien, die das Potentialgefälle vom Gitter gegen die Anode überwinden, von der *Anode zum Gitter hinüberfliegen und den Gitterstrom um* ebensoviel verstärken, wie sie den Anodenstrom schwächen.

In Fig. 25 sind in Abhängigkeit von der Gitterspannung sowohl Gitter- als auch Anodenstrom aufgetragen. Während für die Anodenspannung $E_a = 10$ Volt die Stromverteilung auf Anode und Gitter den durchaus normalen und schon bekannten Verlauf aufweist, erhalten diese Kurven bei der Anodenspannung von 50 Volt für der Gitterspannung von etwa 50 Volt zugeordnete Werte einen steilen Anstieg des

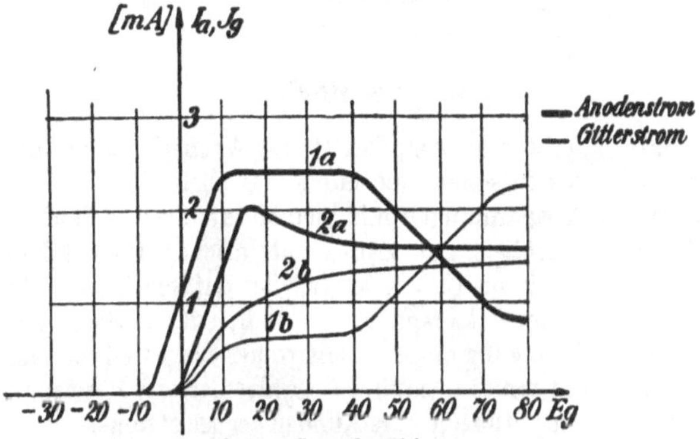

Fig. 25. Sekundär-Elektronen.

1a: $J_a = f(E_g)$ für $E_a = 50$ Volt
1b: $J_g = f(E_g)$ für $E_a = 50$ Volt
2a: $J_a = f(E_g)$ für $E_a = 10$ Volt
2b: $J_g = f(E_g)$ für $E_a = 10$ Volt.

Gitterstroms und einen entsprechenden Abfall des Anodenstroms infolge des Hinüberwechselns der Sekundärelektronen zum Gitter.

Die mittlere Austrittsgeschwindigkeit der Sekundärelektronen beträgt etwa 5—10 Volt bei 100—600 Volt der Primärelektronen. Bei Zweielektrodenröhren werden schwerlich Sekundärelektronen beobachtet werden können, da schon gegen Anodenspannungen von 20—40 Volt ihre Geschwindigkeit nicht mehr ausreicht.

Die Erscheinungen der Sekundärelektronen-Emission brachten zunächst für die Verwendung der Elektronenröhren eine Anzahl Komplikationen, die aber, wie wir später sehen werden, Veranlassung zu weitgehenden Sonderanwendungen und Verbesserungen werden sollten.

Zunächst wollen wir aber in der Analyse des Verstärkungsvorganges weiterschreiten.

30. Die Steilheit.

Bezeichnen wir die Amplituden der Wechselstromgrößen mit großen deutschen, die Momentanwerte der Wechselströme und -spannungen mit kleinen lateinischen und die Gleichstromgrößen mit großen lateinischen Buchstaben, so erkennen wir aus Fig. 20, wo in *b* der zeitliche Verlauf der Schwingung der Gitterspannung und in *c* der zeitliche Verlauf der Schwingung des Anodenstromes dargestellt ist, daß bei einer bestimmten Amplitude $\mathfrak{E}_g$ der Gitterwechselspannung die Amplitude $\mathfrak{J}_a$ des Anodenwechselstromes um so größer wird, je größer der Anstieg des geraden Teils der Kennlinie oder je größer deren Steilheit ist. Andererseits wird man zum Betriebe eines Telephons oder eines anderen Anzeigeinstruments von um so kleineren Strömen ausgehen können, je größer die Steilheit S der Röhre ist. Wir können also sagen, daß die Röhrengüte G_r direkt der Steilheit S proportional ist. Aus irgendeiner Kennlinie ergibt sich die Steilheit für jeden Kurvenpunkt als Neigung der Kurventangente. Mathematisch formuliert ist S die erste Ableitung der Kennlinie $i_a = f(e_g)$, also

$$S = \left(\frac{d\,i_a}{d\,e_g}\right)_{e_a = \text{const}}. \qquad (14)$$

S ist der Dimension nach ein Leitwert und für kleine Verstärkerröhren von der Größenordnung von 10^{-4} Siemens $\left[\frac{\text{Amp.}}{\text{Volt}}\right]$.

Für Verstärkerröhren ist es außerordentlich wichtig, einen möglichst langen, geraden Anstieg der Kennlinie zu erhalten. Soll die Anodenspannung am Telephon eine formgetreue Vergrößerung der Gitterwechselspannung sein, so muß zwischen beiden Proportionalität bestehen. Die graphische Darstellung der Proportionalität ist aber die gerade Linie. Man muß also für Verstärkungen auf dem geraden Teil der Kennlinie arbeiten.

Die Steilheit ist, wie jeder Leitwert, von den geometrischen Dimensionen abhängig. Für die Untersuchung der Steilheit als Röhrenkonstante, also der Abhängigkeit der Emission von den geometrischen Dimensionen der Röhre, können wir von den Betriebsverhältnissen absehen und beispielsweise annehmen, daß der Gitterstrom Null ist und der emittierte Strom ausschließlich zur Anode fließt. Wir können also unter diesem Gesichtswinkel die Steilheit S der Konstanten k des Raumladungsgesetzes von Langmuir-Schottky (9) gleichsetzen und ersehen aus (10a), daß bei zylindersymmetrischen Röhrenanordnungen die Steilheit mit der Länge des Heizdrahtes l wächst und mit der Größe des Anodenradius r abnimmt und gleichzeitig ein reziprokes Maß für die Größe der Raumladung ist. Mit abnehmender Größe des Anodenradius wächst bei sonst gleichen Verhältnissen die Feldstärke, womit ebensosehr eine Verminderung der Raumladung wie eine Vergrößerung der Steilheit bewirkt wird.

31. Die Arbeitskurve.

Beim Betriebe einer Verstärkerröhre nach der Schaltung von Fig. 19 hat man nun nicht genau die in Fig. 20 darge-

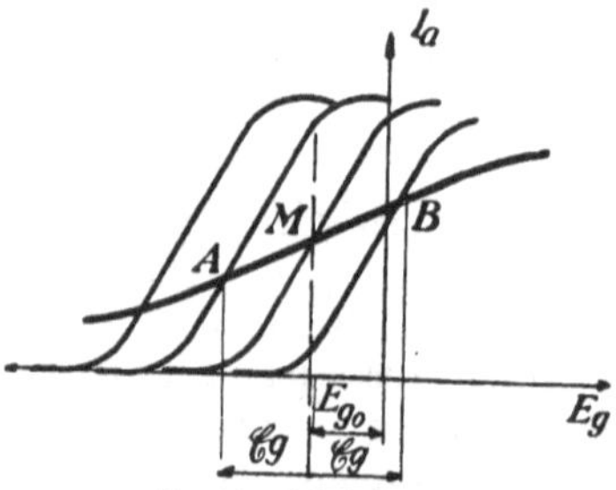

Fig. 26. Arbeitskurve.

stellten Verhältnisse. Man arbeitet nicht auf einer statischen Kennlinie. Die Schwingung erfolgt wohl um die Ruhespannung E_{g_0} herum, aber auf der Arbeitskurve AB (s. Fig. 26), die im allgemeinen wesentlich flacher als die statische Kennlinie ist. Der in

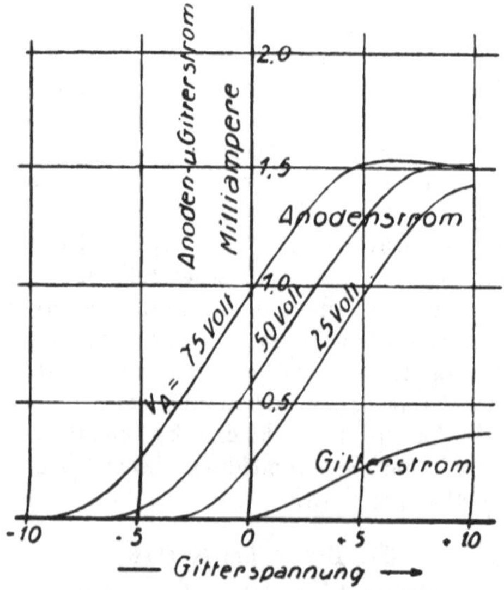

Fig. 27. Kennlinienschar der Telefunkenröhre RE 38.

dem Telephonwiderstand (s. Fig. 19) erzeugte Spannungsabfall wächst nämlich mit dem Anodenstrom, so daß mit zunehmendem Anodenstrom die Anodenspannung zwischen Anode und Kathode abnimmt, beim Ausschwingen der positiven Halbwelle der Gitterwechselspannung der Anodenstrom-Gitterspannungspunkt auf Kennlinien niedrigerer Anodenspannung (B) und in entsprechender Weise beim Ausschwingen der negativen Halbwelle M auf Kennlinien höherer Spannung (A) übergeht.

Das statische Kennlinienbild ist durchaus maßgebend für die Gestalt der Arbeitskurve, weil eine Veränderung der Anodenspannung im wesentlichen nur eine Parallelverschiebung der Kennlinie bewirkt, soweit nämlich, wie Fig. 22 lehrt, der Gitterstrom zu vernachlässigen ist. Eine Erhöhung der Anodenspannung verschiebt die Kennlinie nach links, eine Herabsetzung nach rechts. Aus der Kennlinienschar der Fig. 27, die bei verschiedenen Anodenspannungen die Charakteristik der in Fig. 28 dargestellten Telefunkenverstärkerröhre RE38 bringt, ergibt sich, daß eine bestimmte Änderung des Anodenstromes auf zweierlei Weise erfolgen kann. Unter Festhaltung der Gitterspannung Null erhält man beim Übergang von der Kennlinie für 50 Volt Anodenspannung auf die mit 75 Volt eine Anodenstromzunahme um 0,4 mA, während man auf jeder der beiden Kennlinien durch eine Gitterspannungszunahme um 2,5 Volt dieselbe Stromänderung erfährt.

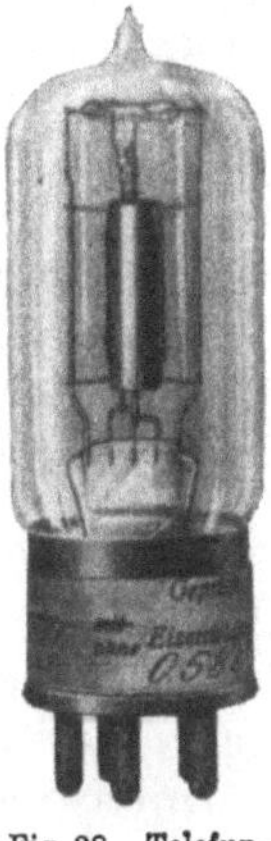

Fig. 28. Telefunkenröhre RE 38.

32. Die Bildung des Anodenstromes.

Wir können also sagen, daß die Steilheit der Arbeitskurve nicht nur von der statischen Steilheit, sondern auch von dem Abstand der für verschiedene Anodenspannungen aufgenommenen Kennlinien abhängig und um so größer ist, je kleiner dieser Abstand ist.

Sieht man von den Ladungen der bewegten Elektronen und ihren Magnetfeldern ab, so sind die Ströme zwischen den verschiedenen Elektroden lediglich von den Betriebsspannungen abhängig. Den Einfluß der Anodenspannung auf die Bildung des Gitterstromes können wir als sehr klein vernachlässigen. Für die Bildung des Anodenstromes können wir additiv die auf die Anodenspannung und Gitterspannung entfallenden Anteile zusammensetzen. Die Größe dieser Anteile kann für einfache Anordnungen aus den Feldenergien errechnet werden. Augenscheinlich ist für die Größe dieser Anteile des Anodenstromes die geometrische Konfiguration des Gitters maßgebend. Der auf die Anodenspannung entfallende Anteil des Anodenstromes oder „der Anodeneinfluß" wird um so größer, je größer die Maschenweite des Gitters oder, bei zylindersymmetrischen Anordnungen nach Fig. 21, je steiler die Windungen des Gitterdrahtes verlaufen und je größer der Spiraldurchmesser bei sonst gleichen Verhältnissen ist.

Wir erfassen nun diese Verhältnisse, indem wir für eine bestimmte Anodenstromänderung di_a bei gleichbleibendem Emissionsstrom i_e die notwendige Gitterspannungsänderung de_g als Bruchteil derjenigen Anodenspannungsänderung de_a angeben, die dieselbe Anodenstromänderung bewirkt. Dieser Bruchteil ist

33. Der Durchgriff.

Seine Definitionsgleichung lautet also:

$$D = -\left(\frac{de_g}{de_a}\right)_{i_e = \mathrm{const}}. \tag{15}$$

Aus dem oben erläuterten Beispiel rechnen wir einen Durchgriff aus von

$$D = \frac{2,5}{75 - 50} = 10\% \,. \qquad (16)$$

Es gibt je nach Verwendungszweck der Röhren Durchgriffe von 0,4—30%.

Wir haben nun auch den Maßstab gefunden, in dem beim Übergang einer Zweielektrodenröhre auf eine Eingitter-

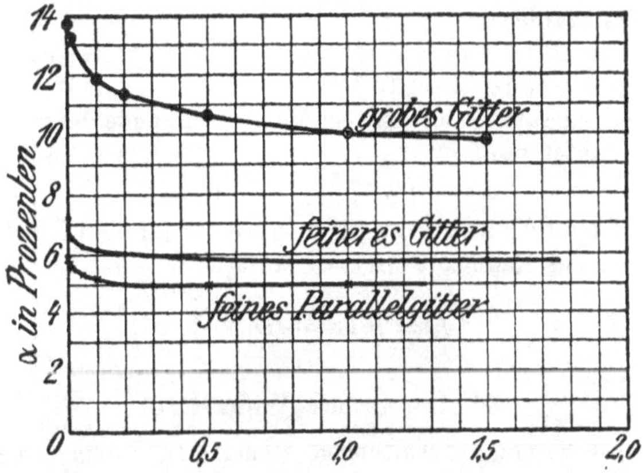

Fig. 29. Abhängigkeit des Durchgriffs vom Anodenstrom. (Aus: Zenneck-Rukop, Lehrbuch der drahtlosen Telegraphie. Stuttgart 1925, Ferd. Enke.)

röhre die Anodenspannungszahl verkürzt werden muß, um die Gittergleichspannung zu erhalten, die denselben Anodengleichstrom liefert. Diese sogenannte Verschiebungsspannung beträgt

$$E_g = -D E_a \,. \qquad (17)$$

Wir können also sagen, daß bei der Röhre RE38 die Kennlinie für $E_a = 75$ Volt bei $E_g = -0,1 \cdot 75 = -7,5$ Volt ihren Anfang nimmt und über die Null-Linie sich erhebt.

Dies trifft auch annähernd zu. Sehr häufig nimmt aber der sonst ziemlich konstante Wert des Durchgriffs gerade für die kleinsten Ströme zu, wie aus den verschiedenen Kurven der Fig. 29 hervorgeht. Diese Kurven bestätigen auch die oben schon ausgeführten Zusammenhänge zwischen Gittermaschenweite und Anodenrückwirkung, wie sinngemäß der Durchgriff auch bezeichnet werden kann.

Je größer der Durchgriff, desto flacher die Arbeitskurve, desto kleiner die Verstärkung. Wir können somit folgenden Satz aussprechen:

Die Röhrengüte ist dem Durchgriffe umgekehrt proportional.

Die gesamte den Anodenstrom bewirkende Spannung E_{st} lautet nun:

$$E_{st} = E_g + D E_a \tag{18}$$

und heißt die Steuerspannung, so daß für die Eingitterröhre das Raumladungsgesetz lautet:

$$J_a = K (E_g + D E_a)^{\frac{3}{2}}. \tag{19}$$

34. Der innere Widerstand.

Für Verstärkerschaltungen ist nun die Vermeidung von Gitterströmen die erste Hauptbedingung. Um den Verstärkungsgrad W zu steigern, können wir nach Gleichung 12 den Nenner verkleinern und den Zähler vergrößern. Die erste Operation erfolgt dadurch, daß der Arbeitspunkt M (s. Fig. 26) soweit ins Negative gerückt wird, daß der Anodenwechselstrom noch vollständig im Gebiet negativer Gitterspannungen ausschwingen kann. Damit ist aber nicht nur die Größe der Gittervorspannung E_{g_0}, also die Größe einer eventuell besonders angeordneten Vorspannungsbatterie, bestimmt, sondern auch die Größe der Anodenspannung. Die zweite Hauptbedingung für gute Verstärkungsgrade fordert nämlich eine solche Verschiebungsspannung, daß sich für die notwendige Gitterruhespannung ein Kennlinienstück höchster Steilheit ergibt. Diejenige Anodenspannung ist also die richtige für eine Röhre von gegebenem Durchgriff, deren Kennlinie in halber Höhe, also etwa für den halben Sättigungsstrom, die Ordinate $E_g = E_{g_0}$ trifft.

Bei stromlosem Gitter ist die Röhre als eine Stromquelle aufzufassen, deren Anodenstrom im Takte der Gitterspannung geschaltet und gesteuert wird. Das Gitter ist ein Schaltorgan, mit dem im Rhythmus der Gitterspannung die Gleichstromenergie der Anodenstromquelle wechselstrommäßig gewandelt wird.

Die Röhre als Wechselstromgenerator hat nun einen Kurzschlußstrom $\mathfrak{J}_{a_k}$, dessen Größe wir schon kennen. Bei Kurzschluß ist nämlich der Verbraucherwiderstand, also im Falle der Schaltung von Fig. 19 die Telephonimpedanz $\mathfrak{R}_a$ gleich Null zu setzen. Wir arbeiten also auf einer statischen Kennlinie und es ist gemäß der Definitionsgleichung 14 für sehr kleine Amplituden:

$$\mathfrak{J}_{a_k} = S\mathfrak{E}_g. \tag{20}$$

Da die Röhre auf keinen äußeren Widerstand arbeitet, so hat die Klemmenspannung $\mathfrak{E}$ lediglich den inneren Widerstand R_i zu überwinden, weshalb

$$\mathfrak{J}_{a_k} = \frac{\mathfrak{E}}{R_i} \tag{21}$$

ist. Die exakte Definition für den inneren Widerstand lautet somit in Differentialform:

$$R_i = \left(\frac{de_a}{di_a}\right)_{e_g = \text{const}}. \tag{22}$$

35. Die Röhrenkonstanten.

Einen zweiten Grenzwert liefert die Annahme $\mathfrak{R}_a = \infty$ oder $\mathfrak{J}_a = o$, was den Zustand des Leerlaufs bedeutet. Die Leerlaufspannung $\mathfrak{E}_{a_1}$ steht mit der Gitterwechselspannung in der Beziehung:

$$\mathfrak{E}_{a_1} = \frac{1}{D}\mathfrak{E}_g, \tag{23}$$

was sich ohne weiteres aus der Definitionsgleichung für den Durchgriff (15) für sehr kleine Amplituden ergibt. Da nun die Leerlaufspannung $\mathfrak{E}_{a_1}$ mangels eines äußeren Spannungsabfalls gleich der elektromotorischen Kraft $\mathfrak{E}$ ist, so ergibt sich durch Gleichsetzung von (21) und (23)

$$\mathfrak{J}_{a_\varkappa} R_i = \frac{1}{D}\mathfrak{E}_g, \tag{24}$$

so daß für

$$\frac{\mathfrak{J}_{a_\varkappa}}{\mathfrak{E}_g} = S \tag{20a}$$

aus (24) sich ergibt

$$S R_i = \frac{1}{D} \tag{25}$$

oder

$$\underline{S R_i D = 1.} \tag{25a}$$

Diese außerordentlich einfache Beziehung zwischen den 3 Röhrenkonstanten, dem Durchgriff D, der Steilheit S und dem inneren Widerstande R_i wurde zuerst von Barkhausen angegeben. Aus Gleichung 23 ergibt sich als höchster, überhaupt möglicher, praktisch aber nie realisierbarer, also ideeller Verstärkungsgrad

$$W_{id} = \frac{\mathfrak{E}_{a_1}}{\mathfrak{E}_g} = \frac{1}{D}. \tag{26}$$

Auf den ersten Blick hat man also im reziproken Zahlenwert des Durchgriffs einen asymptotisch erreichbaren Verstärkungsgrad.

36. Die Anpassung.

Für wirkliche Schaltungen, wie z. B. der nach Fig. 19, hat aber ein Telephonstrom $\mathfrak{J}_a = o$ kein Interesse. Bei Belastung mit der Impedanz $\mathfrak{R}_a$ erhält man den Anodenwechselstrom $\mathfrak{J}_a$ aus der Erwägung, daß die elektromotorische Kraft $\mathfrak{E} = \mathfrak{E}_g/D$ den Gesamtwiderstand $R_i + \mathfrak{R}_a$ zu überwinden hat (s. Fig. 30). Für die Amplitude des Wechselstromes erhalten wir somit die Beziehung

$$\mathfrak{J}_a = \frac{\mathfrak{E}_g}{D(R_i + \mathfrak{R}_a)}. \tag{27}$$

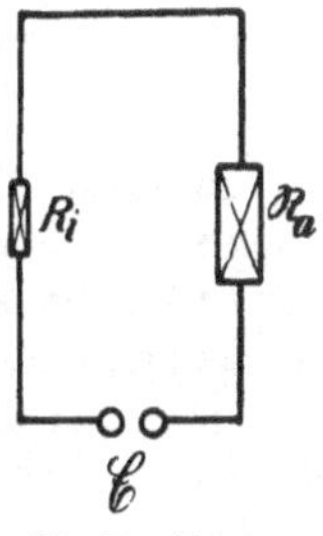

Fig. 30. Ersatz-Schema für den Anodenkreis einer Verstärkerröhre.

Unter Beachtung der Beziehung (25a) ergibt sich die Gleichung:

$$\mathfrak{J}_a = \mathfrak{E}_g \frac{S}{1 + \dfrac{\mathfrak{R}_a}{R_i}}. \tag{28}$$

Es kommt nun darauf an, an den Gebrauchsapparat eine möglichst große Leistung

$$\mathfrak{N}_a = \frac{\mathfrak{J}_a^2 \mathfrak{R}_a}{2} \tag{29}$$

zu liefern. In Abhängigkeit von der Größe des Widerstandes $\mathfrak{R}_a$ erhält die Leistung $\mathfrak{N}_a$ für einen bestimmten Wert von $\left|\dfrac{\mathfrak{R}_a}{R_i}\right|$ ein Maximum, da sowohl für $\mathfrak{R}_a = o$ als auch $\mathfrak{R}_a = \infty$ $\mathfrak{N}_a = o$ wird, während für irgendein endliches $\mathfrak{J}_a$

auch $\mathfrak{N}_a$ einen endlichen, und zwar positiven Wert erreicht. Eine einfache Maximumrechnung liefert nun für den Ausdruck

$$\mathfrak{N}_a = \tfrac{1}{2}\,\mathfrak{R}_a\,\mathfrak{E}_g^2 \frac{S^2}{\left(1 + \frac{\mathfrak{R}_a}{R_i}\right)^2} \tag{30}$$

dieses Maximum für die Gleichheit der absoluten Zahlenwerte des äußeren und inneren Widerstandes, also

$$|\,\mathfrak{R}_a\,| = R_i\,. \tag{31}$$

Von diesem Gesetze der maximalen Leistungsabgabe bei Gleichheit der absoluten Beträge des inneren Widerstandes der Stromquelle und des äußeren Belastungswiderstandes ist die ganze Schwachstromtechnik beherrscht. Die Maßnahme des Abgleichens der beiden Widerstände nennt man die Anpassung.

37. Röhren- und Schaltungsgüte.

Für den Fall, daß der äußere Widerstand $\mathfrak{R}_a$ wie der innere Widerstand R_i rein ohmisch ist, ergibt sich bei Anpassung aus Gleichung 30 für

$$\mathfrak{N}_{a_{\max}} = \frac{\mathfrak{E}_g^2}{8\,D^2\,R_i} = \frac{\mathfrak{E}_{g_{\text{eff}}}^2}{4\,D^2\,R_i}\,. \tag{32}$$

Für die Gitterspannung mit dem Effektivwert von 1 Volt wird somit

$$4\,\mathfrak{N}_{a_{\max}} = \frac{1}{D^2\,R_i} = \frac{S}{D}\,. \tag{33}$$

Wir bezeichneten in § 26 die Abhängigkeit des Verstärkungsgrades von den Röhrendimensionen als „Röhrengüte“ und haben aus der Anschauung elementar abgeleitet, daß diese Röhrengüte der Steilheit proportional sein und mit dem reziproken Wert des Durchgriffs anwachsen muß. Durch strenge Ableitung kamen wir nun zu demselben Resultat. Man heißt tatsächlich das Verhältnis

$$\frac{S}{D} = G_r \tag{34}$$

die Röhrengüte.

Entsprechend dem Ausdrucke:

$$\frac{4\mathfrak{N}_{a_{\max}}}{\mathfrak{E}^2_{g_{\text{eff}}}} = G_r, \tag{35}$$

der sich aus (32), (33) und (34) ergibt, nennt man nach Barkhausen:

$$\frac{\mathfrak{E}^2_{g_{\text{eff}}}}{\mathfrak{N}_g} = G_s \tag{36}$$

als Schaltungsgüte.

38. Der Verstärkungsgrad.

Es ist Sache der Dimensionierung der Schaltung, vorzüglich der Gitterleitungen und des Gittertransformators, für die unverstärkte Anfangsleistung $\mathfrak{N}_g$ eine möglichst große Gitterwechselspannung zu bekommen. Im wesentlichen ist G_s gleich dem wirksamen Gitterwiderstande $\mathfrak{R}_g$, den das Gitter nebst der mit ihm verbundenen Schaltung gegen den Heizdraht besitzt.

Bezeichnet man den Wirkungsgrad des Gittertransformators mit η_g, so ist

$$G_s = \eta_g \, \mathfrak{R}_g. \tag{37}$$

Führt man in entsprechender Weise

$$r_a = \frac{\mathfrak{N}_v}{\mathfrak{N}_{a_{\max}}}, \tag{38}$$

das heißt den Wirkungsgrad im Anodenkreise als das Verhältnis der tatsächlich abgegebenen zu der maximal möglichen Leistung ein, so bekommen wir aus den Gleichungen (12), (35), (36), (37), (38) den Verstärkungsgrad

$$W = \tfrac{1}{2} \sqrt{\eta_a \eta_g} \sqrt{\mathfrak{R}_g} \sqrt{G_r}. \tag{39}$$

Die Voraussetzung für den Verstärkungsgrad, wie er sich in Gleichung 39 darstellt, ist Anpassung. Obwohl sich Anpassungsfehler von $\frac{\mathfrak{R}_a}{\mathfrak{R}_i} = 4$ bzw. $^1/_4$ statt $\frac{\mathfrak{R}_a}{\mathfrak{R}_i} = 1$ im Telephon eben erst als hörbare Leistungsschwächung bemerkbar machen, die Anpassung also gar nicht peinlich durchgeführt zu werden braucht, läßt sich trotzdem die Forderung nach Anpassung mit unseren bisherigen Mitteln in der Praxis selten erfüllen. Der innere Widerstand wächst umgekehrt mit der Größe des Durchgriffs, den man wegen der großen Röhrengüte möglichst klein wünscht. Für normale Eingitterröhren beträgt etwa $R_i = 100000$ Ohm, während der Widerstand der Empfangsapparatur kaum über 10000 Ohm gesteigert werden kann.

39. Anpassung durch Resonanzkreise.

Es gibt nun ein einfaches schalttechnisches Mittel, die Größe einer Impedanz außerordentlich zu steigern.

Hat man einen elektrischen Schwingungskreis mit den Größen L, C, R und hat die Betriebsfrequenz ω die Größe der Eigenfrequenz

$$\omega_0 = \frac{1}{\sqrt{LC}}, \tag{40}$$

so haben wir Resonanz. Jetzt stellt der Schwingungskreis einen Ohmschen Widerstand dar mit dem absoluten Betrage

$$|\mathfrak{R}| = \frac{L}{CR}, \tag{41}$$

den man bekanntlich nach der symbolischen Methode durch Einklammerung mit 2 Geraden bezeichnet. Schaltet man also parallel zu der Anodenspule mit dem induktiven Widerstand

$$|\mathfrak{R}_L| = \omega L \tag{42}$$

den kapazitiven Widerstand

$$|\mathfrak{R}_C| = \frac{1}{\omega C} \tag{43}$$

nach Fig. 31 und bestimmt aus der Resonanzkurve des so entstandenen Schwingungskreises das logarithmische Dekrement

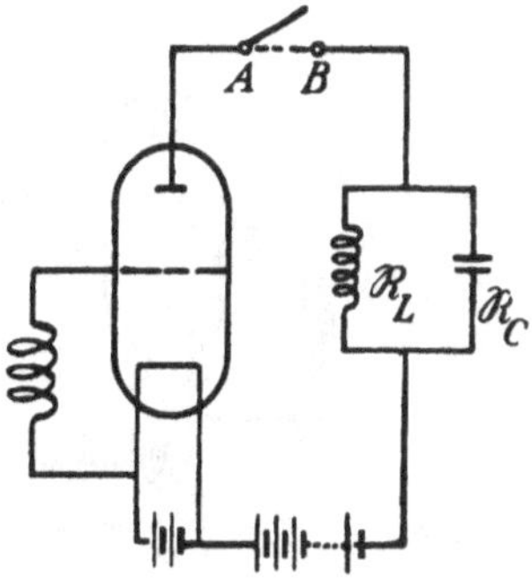

Fig. 31. Verstärker-Röhre mit Anoden-Resonanz.

$$(44\text{a}) \qquad d = \frac{RT}{2L} = \frac{R\pi}{\omega L}, \qquad (44\text{b})$$

wobei R der Verlustwiderstand des Kreises ist, so beträgt bei Resonanz

$$(45\text{a}) \qquad |\mathfrak{R}| = \frac{L}{L}\,\frac{1}{\omega C}\,\frac{\pi}{d} = \omega L\,\frac{\pi}{d}, \qquad (45\text{b})$$

wie sich aus (41) unter Beachtung von (44b) und der Resonanzbedingung

$$|\mathfrak{R}_L| = |\mathfrak{R}_C| \tag{46}$$

ergibt. Bei Apparaten mit großem induktiven und geringem Verlustwiderstand erhält man leicht ein Dekrement von $d = 0{,}2$ und somit eine Widerstandserhöhung von

(47a), (47b) $$\left|\frac{\mathfrak{R}}{\mathfrak{R}_L}\right| = \frac{\pi}{d} = \frac{\pi}{\frac{1}{5}} = 5\pi \approx 15\,.$$ (47c), (47d)

Hat dagegen die Telephonimpedenz $\mathfrak{R}_T$ hohe Verluste, so wird es unzweckmäßig, $\mathfrak{R}_T$ durch Resonanz zwecks An-

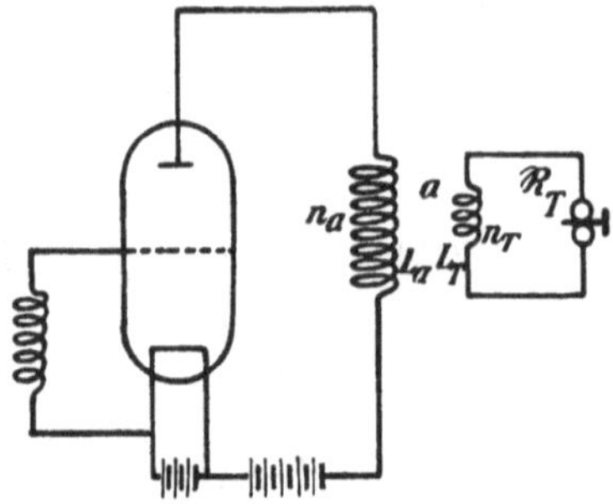

Fig. 32. Anpassung durch Transformator.

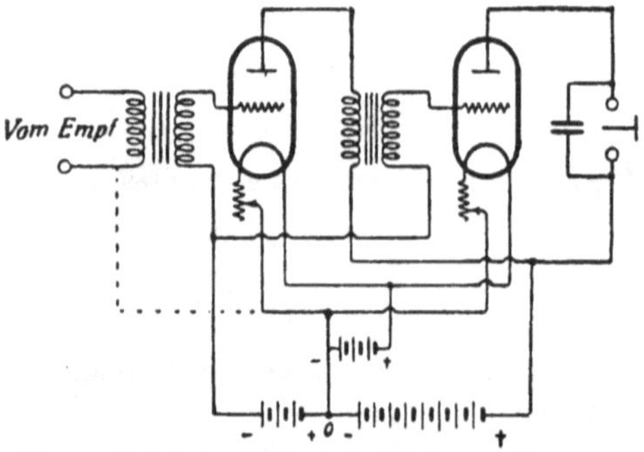

Fig. 33. Mehrfachverstärker mit Zwischentransformator.

passung zu steigern. Man wird vielmehr nach Fig. 32 einen Transformator anordnen, dessen Übersetzungsverhältnis $a = n_a/n_T$ dadurch bestimmt ist, daß der im Anodenkreis liegende induktive Widerstand

$$\mathfrak{R}_a = \frac{L_a}{L_T}\,\mathfrak{R}_T = \frac{n_a^2}{n_T^2}\,\mathfrak{R}_T = a^2\,\mathfrak{R}_T \quad (48\text{a}),\ (48\text{b}),\ (48\text{c})$$

dem Röhrenwiderstande angepaßt ist.

Bei Mehrfachverstärkern ist ein solcher Ausgangstransformator, der die Anpassung an den Gebrauchswiderstand durch Widerstandsreduzierung besorgt, viel-

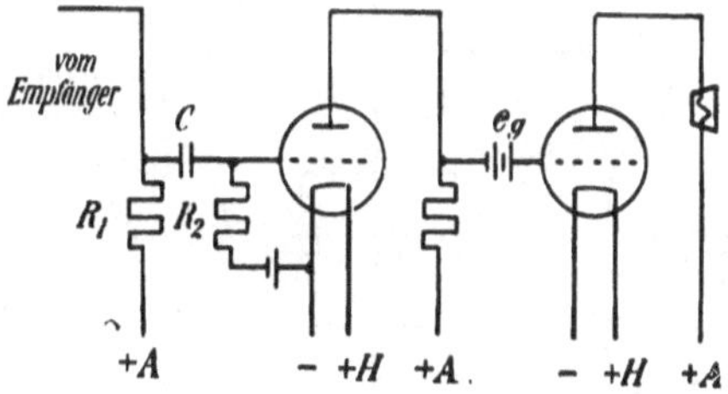

Fig. 34. Mehrfachverstärker mit Widerstandskopplung.

fach gebräuchlich. Für die Zwischenstufen dagegen wird sowohl bei der Transformatorenkopplung nach Fig. 33 als auch bei der Widerstandskopplung nach Fig. 34 $\mathfrak{R}_a = \mathfrak{R}_g$ angepaßt. Die Forderung eines großen $\mathfrak{R}_g$ zur Erzielung eines hohen Verstärkungsgrades nach Formel 39 deckt sich mit der in § 34 aufgestellten ersten Hauptforderung für Verstärkung.

40. Der wirksame Gitterwiderstand.

Da

$$\mathfrak{R}_g = \frac{\mathfrak{E}_g}{\mathfrak{J}_g}, \tag{49}$$

entspricht $\mathfrak{J}_g = 0$ ein $\mathfrak{R}_g = \infty$. Zur Erfüllung dieser Forderung ist nötig, den Ladestrom der Gitterkathodenkapazität C_{gk}, der Gitterzuleitungen, der Windungskapazität des

Gittertransformators und vor allem der Gitteranodenkapazität gleich Null zu machen, Daß letzteres nicht ohne Einfluß auf die Gitterbelastung ist, zeigt an Hand der Fig. 35 die Überlegung, daß bei Kurzschluß ($\mathfrak{R}_a = 0$) die Gitteranodenkapazität $C_{ga} // C_{gk}$ geschaltet ist.

Nun ist beispielsweise bei der Telefunkenröhre RE 38 die Röhrengüte

$$G_r = \frac{S}{D} = 0{,}3\ 10^{-3}\ 10 = 3\ 10^{-3}. \qquad (50a) \quad (50b)$$

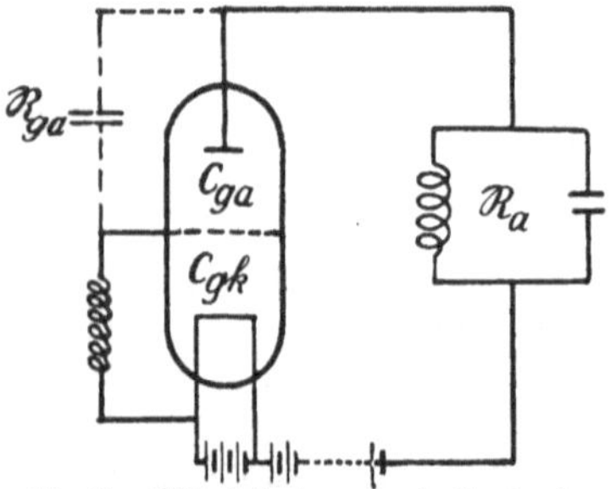

Fig. 35. Gitterbelastung durch die Anodenkapazität.

Als mittlerer Wert kann unter Berücksichtigung der Eisen- und Kupferverluste für den Wirkungsgrad des Anoden- und Gittertransformators je 60% angenommen werden. Für diesen den tatsächlichen Verhältnissen entsprechenden Fall ergibt sich ein Verstärkungsgrad nach (39) zu

$$W = \sqrt{\frac{0{,}36 \times 3}{4000}\,\mathfrak{R}_g} \approx \sqrt{\frac{\mathfrak{R}_g}{4000}}. \qquad (51a) \quad (51b)$$

Ein Verstärkungsgrad $W = 10$ erfordert also ein $\mathfrak{R}_g = 400000$ Ohm. Es zeigt sich nun, daß der wirksame Gitterwiderstand $\mathfrak{R}_g$ bei Tonfrequenz in der Hauptsache aus der Spulenkapazität, die in der Größenordnung von 80 cm liegt, bei Hochfrequenz dagegen zum großen Teil aus der Kapazität der Elektroden besteht. Im letzteren Falle kann man nämlich durch Scheibenspulen die Windungskapazität bis auf 2 „cm" herabdrücken, während es einer sehr großen Sorgfalt bedarf, um die wirksame Gitterkapazität auf 15 „cm“ zu reduzieren. Diesem Werte entspricht für die Rundfunkwelle von 600 m ein

$$(52a) \qquad \mathfrak{R}_g \approx \frac{1}{\omega C_{gk}} = 18000 \text{ Ohm} \qquad (52b)$$

und ein Verstärkungsgrad

$$(53a) \qquad W = \sqrt{\frac{18}{4}} = \sqrt{4{,}5} = 2{,}1 . \qquad (53b), (53c)$$

Ohne Resonanz ist hier also nichts zu erreichen.

41. Pseudodämpfung.

Wir haben in § 39 die Anodenimpedanz durch Resonanzschaltung variiert und wollen nun umgekehrt fragen, wie der Resonanzkreis durch die Anpassungsverhältnisse modifiziert wird. Wir führen unsere Betrachtung im Gitterkreise durch an Hand der Fig. 36. Dem Belastungswiderstand $\mathfrak{R}_a$ im Anodenkreise entspricht jetzt der wirksame Gitterwiderstand $\mathfrak{R}_g$; dem inneren Widerstande der Röhre R_i dagegen die Eingangsimpedanz $\mathfrak{R}_e$, die mit $b^2\mathfrak{R}_e$ auf den Gitterkreis reduziert werden kann.

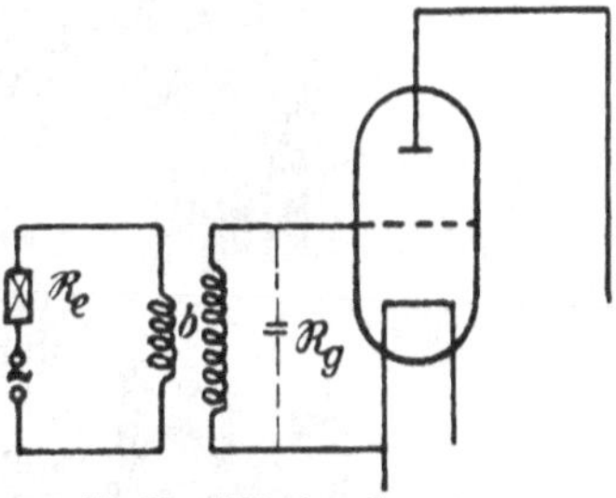

Fig. 36. Gittertransformator.

Für den Extremfall $b^2\mathfrak{R}_e = 0$ erhalten wir eine normale Resonanzkurve, deren Schärfe lediglich von $\mathfrak{R}_g$ abhängt. Diesen Fall haben wir annähernd bei einer gegenüber der primären sehr kleinen sekundären Windungszahl.

Da bei Anpassung, also für $b^2\mathfrak{R}_e = \mathfrak{R}_g$, 50% der ursprünglichen Energie schon im Widerstande der Stromquelle verzehrt werden, so wird die Resonanzschärfe nur halb so groß, als der Dämpfung von $\mathfrak{R}_g$ entspricht. Ist beispielsweise das logarithmische Dekrement des Gitterkreises $d = 0{,}1$, so vermehrt sich der wirksame Gitterwiderstand auf das $\frac{1}{2}\frac{\pi}{d} = 15{,}7$fache und der Verstärkungsgrad für das obige Beispiel auf

$$W = 2{,}1 \times \sqrt{15{,}7} = 2{,}1 \times 3{,}96 = 8{,}3. \quad \text{(54a), (54b), (54c)}$$

Fig. 37. Loewe-Dreifachröhre.

Ist endlich die primäre Windungszahl sehr klein gegen die sekundäre, also im Extremfall $b = \infty$, so ist die Resonanz vollkommen ausgelöscht.

Durch diese sogenannte Pseudodämpfung hat man also Frequenz-Unabhängigkeit erzielt, was besonders für Mehrfachtelephonieverstärker wichtig ist, da dort 10 Oktaven gleichmäßig verstärkt werden müssen.

Die von Löwe-Radio-Berlin herausgebrachte Dreifachröhre (s. Fig. 37) vermeidet die schädlichen Kapazitäten der Zuleitungen dadurch, daß nach Fig. 38 alle Widerstände in die Röhre hineingebaut und mit kürze-

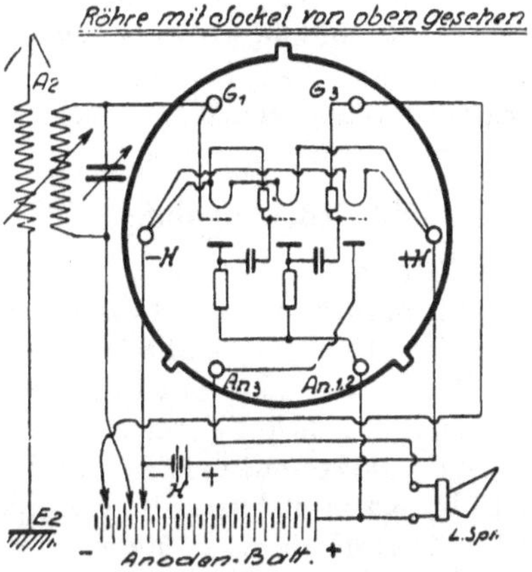

Fig. 38. Schaltung der Loewe-Dreifachröhre 3 N.F.

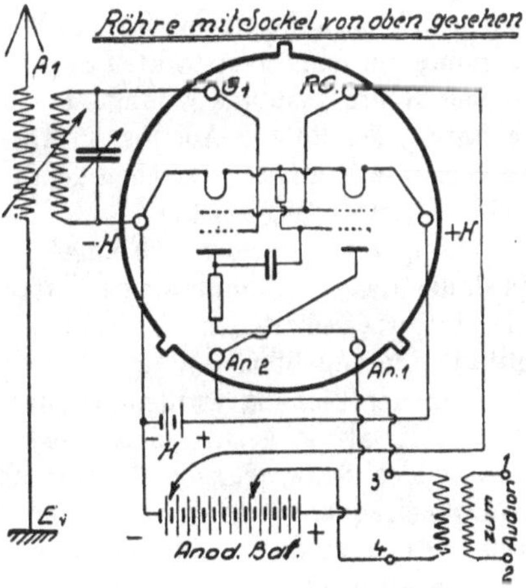

Fig. 39. Schaltung der Loewe-Fernröhre 2 H.F.

sten Verbindungen zusammengeschaltet sind. Es wird auf diese Weise eine wirkliche aperiodische Verstärkung erreicht und mit der Löwe-Fernröhre (s. Fig. 39) auch Hochfrequenzverstärkung erzielt (s. auch Tafel I und Tafel II).

42. Rückkopplung.

Es ist nun Zeit, auf einige stillschweigend gemachte Voraussetzungen einzugehen, die wir bisher trafen, um in der Erscheinungen Flucht möglichst schnell eine Übersicht zu gewinnen. Wir taten nämlich so, als ob die in der Röhre verstärkte Energie lediglich die Aufgabe erfülle, für die nächste Röhre die zu verstärkende Leistung zu sein. In Wirklichkeit übt nun nicht bloß jeder vorhergehende auf den folgenden Kreis durch die Röhre einen Einfluß aus, vielmehr gibt es verschiedene Möglichkeiten, durch die von folgenden auf vorhergehende Röhrenstufen Rückwirkungen erfolgen.

Der bequemste Weg, auf dem eine Rückwirkung des verstärkten Stromes auf den unverstärkten Strom im Gitterkreis derselben Röhre zustande kommt, ist die Anodengitterkapazität C_{ga} der Röhre. Aus Fig. 35 ersehen wir als $\mathfrak{R}_{ga}$ diese kapazitive Kopplung zwischen dem Gitter- und Anodenkreis gestrichelt eingezeichnet.

Diese Rückkopplungen wurden nach eingehenden Untersuchungen als die Ursache erkannt, die bei Verstärkern Störungen aller Art, wie Selbsttönen, Pfeifen, labile Frequenz und Amplituden, veranlaßten.

Wie so oft in der Technik, wurde auch hier ein großer Fortschritt erzielt, als es gelang, diese bei Verstärkern schädlich wirkenden Schwingungen zur planmäßigen Erzeugung von Hochfrequenz-Energie in Röhrengeneratoren zu benützen. Große Verdienste um die Entwicklung der Röhrensender erwarben sich die Amerikaner Forest und

Armstrong und der deutsche Physiker Dr. Meißner bei der Telefunkengesellschaft.

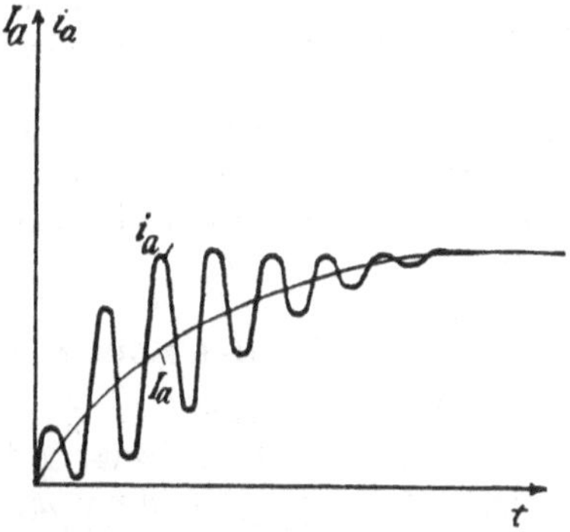

Fig. 40. Graphische Darstellung des Einschalt-Vorgangs bei der Anordnung von Fig. 31.

Wir wollen nun zunächst versuchen, uns rein physikalisch die Möglichkeit der Schwingungserzeugung bei der Anordnung in Fig. 31 klarzumachen.

Legen wir mit dem Schalter AB die Anodengleichspannung an die Anode der Röhre, so ist bei geheiztem Faden in einem Oszillographen zweierlei zu beobachten:

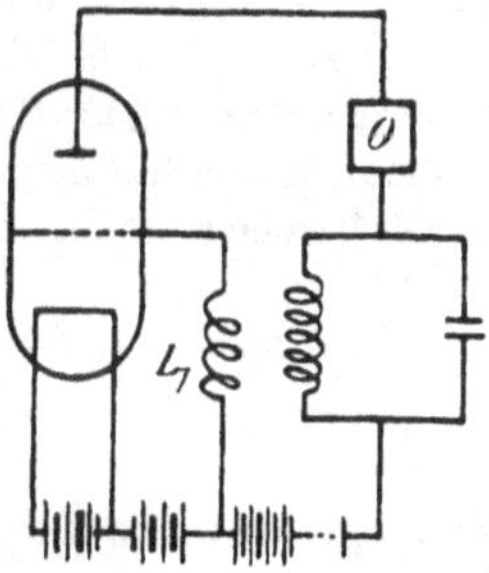

Fig. 41. Anordnung einer Rückkopplungsspule, Transformator-Rückkopplung.

1. Der Anodengleichstrom steigt in Abhängigkeit von der Zeit nach der in Fig. 40 dargestellten (dünnen) Kurve J_a an.

2. Diesem Gleichstrom überlagert sich ein Wechselstrom i_a von der Kreisfrequenz ω, die gleich der Eigenfrequenz des Schwingungskreises L, C ist. Nachdem der volle Gleichstrom erreicht ist, klingen normalerweise die Amplituden des Wechselstromes nach Maßgabe der Dämpfung des Schwingungskreises ab. Sie tun dies aber nicht, sobald man dem Wechselstrome unter Anordnung einer Spule L_1 (s. Fig. 41)

oder einer ähnlich wirkenden Rückkopplung in geeigneter Weise ein Steuer verschafft, was man in dem Oszillographen O feststellen kann.

Diese Selbststeuerung muß so wirken, daß die in L_1 induzierte Gitterspannung $\mathfrak{E}_g$ einen solchen Anodenstrom $\mathfrak{J}_a$ auslöst, der dem ursprünglichen $\mathfrak{J}_a$ nach Amplitude und Phase gleicht.

43. Der Röhrensender.

Die beschriebene Schwingungserzeugung durch Rückkopplung erfreut sich auch sonst in der Technik einer vielfachen Verwendung. Es sei nur an das Werner Siemenssche Prinzip erinnert, dessen Erkenntnis erst die Grundlagen zum heutigen Dynamobau schuf. Dort besteht die Rückkopplung darin, daß ein Teil des durch remanenten Magnetismus des Magnetsystems im Anker erzeugten Stroms in solchem Sinne durch die Feldwicklung geschickt wird, daß ein neuer Induktionsstoß den Ankerstrom vergrößert, bis sich schließlich die Maschine auf ihre normale Spannung hinaufgearbeitet hat. Bei einem gewöhnlichen Wechselstromgenerator hat man eine Umsetzung von mechanischer in elektrische Energie. Bei einem Röhrensender besteht die äußere in die Röhre hineingesteckte Leistung aus der Gleichstromleistung des Anodenkreises

$$N_a = E_a \; J_a \,. \tag{55}$$

Verlangt wird eine möglichst große Wechselstromleistung

$$\mathfrak{N}_a = \frac{\mathfrak{E}_a \, \mathfrak{J}_a}{2} \,. \tag{56}$$

Wir haben also im Röhrensender einen Gleichstrom-Wechselstrom-Umformer, und eine unserer wichtigsten Aufgaben wird sein, den Wirkungsgrad

$$\eta = \frac{\mathfrak{N}_a}{N_a} \tag{57}$$

möglichst groß zu machen. Beim Sender ist somit die Problemstellung eine ganz andere als beim Verstärker. Bei letzterem wünscht man ja auch eine möglichst große Wechselstromenergie im Anodenkreise. Auch für die Gleichstromenergie wird man ein Minimum anstreben; aber beides aus anderen Gründen. Die Gleichspannung ist bei gegebenem Durchgriffe durch die Verschiebungsspannung, der Anodengleichstrom beziehungsweise die Heizleistung durch Größe und Art des Indikators bestimmt.

Zudem läßt sich die Forderung nach strenger Proportionalität zwischen Gitter und Anodenleistung nicht vereinbaren mit der Forderung nach einem möglichst großen Anodenwirkungsgrade; um so weniger, als das Problem einer möglichst großen Anodenwechselleistung bei gegebener Gitterwechselspannung bekanntlich beim Verstärker zur Anpassung führt. Dies bedeutet aber, daß 50% der Anodengleichstrom-Energie am inneren Widerstande vernichtet wird.

Die Aufgabe der Schwingungserzeugung durch Rückkopplung kann auch darin erblickt werden, daß die dem Schwingungskreise durch Dämpfung entzogene Energie wieder nachgeliefert wird (s. § 50).

44. Die Stabilitätsbedingungen des Röhrensenders.

Das gemeinsame Merkmal aller Rückkopplungsschaltungen ist die Anordnung eines besonderen Organs zur Rückleitung des Anodenstroms in den Gitterkreis, sofern nicht die Gitteranodenkapazität die Rückkopplung besorgt, wie dies bei der sogenannten, in Fig. 42 dargestellten Huth-Kühn-Schaltung der Fall ist.

Eine der gebräuchlichsten Rückkopplungsschaltungen ist die in Fig. 41 dargestellte Transformatorenschaltung. Die Bedingung, daß der von der Gitterspannung gesteuerte Anodenstrom der ursprünglichen Schwingung Energie zuführen muß, erfordert eine ganz bestimmte Polung des Transformators. Durch bloßes Vertauschen der Zuleitungen zur Gitterspule kann eine Phasenverschiebung um etwa 180° bewirkt werden.

Die von der Anodenwechselspannung $\mathfrak{E}_a$ induzierte Gitterspannung sei

$$\mathfrak{E}_g = -\mathfrak{K} \times \mathfrak{E}_a \,, \tag{58}$$

wobei dem Rückkopplungsfaktor $\mathfrak{K}$ auch eine Phase zukommt. $\mathfrak{K}$ wird daher genau so wie eine Impedanz $\mathfrak{R}$ mit einem deutschen Buchstaben geschrieben. Wie wir schon

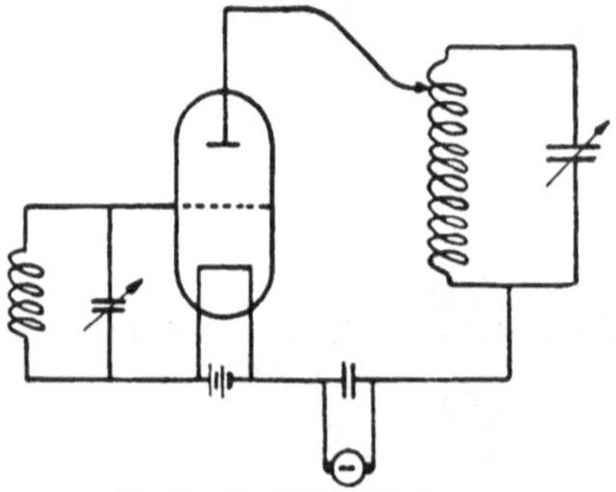

Fig. 42. Huth-Kühn-Schaltung.

beim Verstärker gesehen haben, sind $\mathfrak{E}_g$ und $\mathfrak{E}_a$ im allgemeinen gegenphasig, da mit $\mathfrak{E}_g$ auch der Spannungsabfall im Anodenkreise

$$\mathfrak{E}_a = -\mathfrak{R}_a \times \mathfrak{J}_a \tag{59}$$

zunimmt. Damit der von dem $\mathfrak{E}_g$ der Gleichung 58 bewirkte Anodenstrom

$$\mathfrak{J}_a = S\,(\mathfrak{E}_g + D\,\mathfrak{E}_a) \tag{60}$$

mit dem $\mathfrak{J}_a$ der Gleichung 59 übereinstimmt, muß bei der Rückkopplung durch eine zweite Phasenumkehr die erste aufgehoben werden. Im Falle der Energiezufuhr ist also $\mathfrak{K}$ positiv. Neben dieser Bedingung der Phasengleichheit zwischen der ursprünglichen Anodenwechselspannung mit der durch die rückinduzierte Gitterspannung entstehenden ist zur Aufrechterhaltung der Schwingung noch Amplitudengleichheit zu fordern. Dies bedeutet, daß der Steuerstrom $\mathfrak{J}_a$ nach (60) unter Wirkung der nach (58) induzierten Gitterspannung $\mathfrak{E}_g$ die Spannung $\mathfrak{E}_a$ nach (59) hervorruft. Es ist somit

$$\mathfrak{J}_a = S\,(\mathfrak{K}\,\mathfrak{R}_a - D\,\mathfrak{R}_a)\,\mathfrak{J}_a, \tag{61}$$

woraus sich die Selbsterregungsformel ergibt

$$\mathfrak{K} = D + \frac{1}{S\,\mathfrak{R}_a}. \tag{62}$$

45. Rückkopplung und Resonanz.

Wir wollen nun an Hand des allgemeinen Schemas Fig. 43 verschiedene Schaltungen untersuchen.

Da
$$\mathfrak{E}_1 = \mathfrak{J}_a\,\mathfrak{R}_1 \tag{63a}$$
und
$$\mathfrak{E}_2 = \mathfrak{J}_a\,\mathfrak{R}_2, \tag{63b}$$
so ergibt sich aus (58)

$$\mathfrak{K} = -\frac{\mathfrak{R}_2}{\mathfrak{R}_1 + \mathfrak{R}_2} \tag{64}$$

unter der Voraussetzung, daß der Gitterstrom $\mathfrak{J}_g$ vernachlässigt werden kann.

Da für die Schwingungserhaltung $\mathfrak{K}$ positiv zu sein hat, ergibt sich hieraus:

1. $\mathfrak{R}_1$ und $\mathfrak{R}_2$ müssen gegenphasig sein; also

$$\mathfrak{R}_1 = -\mathfrak{R}_2 . \tag{65}$$

Dies führt ohne weiteres zu den Schaltungen der Fig. 44 und 45.

2. Der absolute Betrag der Kopplungsimpedanz $|\mathfrak{R}_1|$ muß größer sein als der der Rückkopplungsimpedanz $|\mathfrak{R}_2|$; also

$$|\mathfrak{R}_1| > |\mathfrak{R}_2| . \tag{66}$$

Die Ungleichung (66) bedeutet also, daß keine Schwingungserhaltung möglich ist für $|\mathfrak{R}_2| > |\mathfrak{R}_1|$. Sobald also,

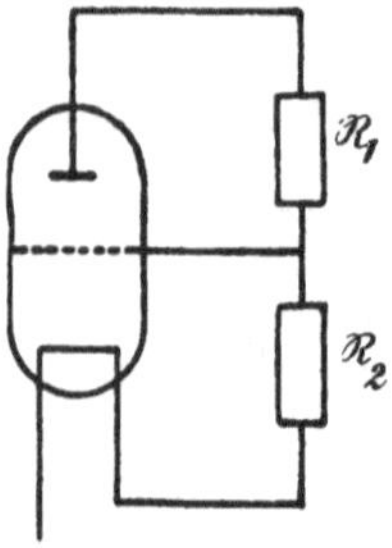

Fig. 43. Allgemeines Schema der Spannungsteiler-Schaltung.

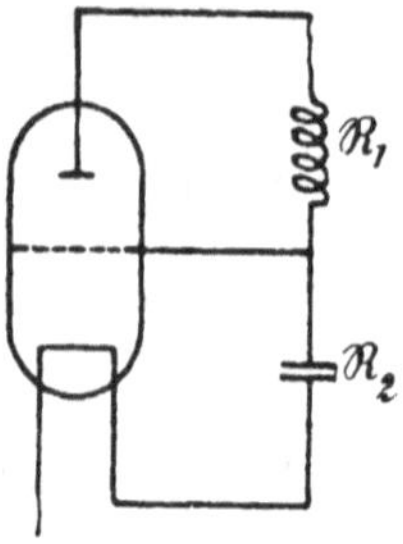

Fig. 44. Gegenphasige Widerstände.

etwa durch Veränderung des Kondensators, die Resonanz passiert ist, setzen die Schwingungen aus, und zwar

bei der Schaltung der Fig. 44 für Frequenzen $\omega < \omega_r$,

bei der Schaltung der Fig. 45 für Frequenzen $\omega > \omega_r$,

Dabei ist ω_r die Eigenfrequenz des gesamten Anodenkreises.

Es fragt sich nun, wie zur Erfüllung dieser Forderungen praktische Schaltungen eingerichtet werden. Eine vielfach verwendete Schaltung ist die in Fig. 41 dargestellte Transformatorschaltung. Eine nähere Untersuchung derselben ergibt, daß sich die erregte Frequenz um so mehr der Resonanzfrequenz nähert, also daß um so mehr Energie dem

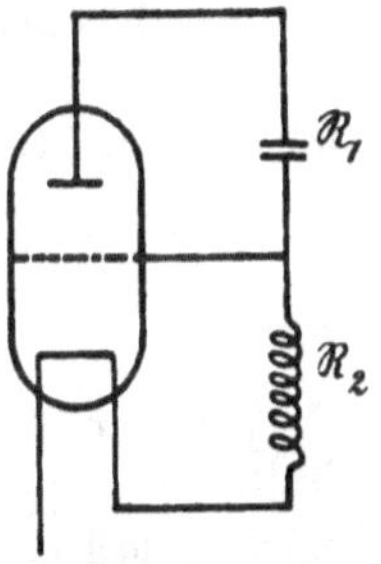

Fig. 45. Gegenphasige Widerstände.

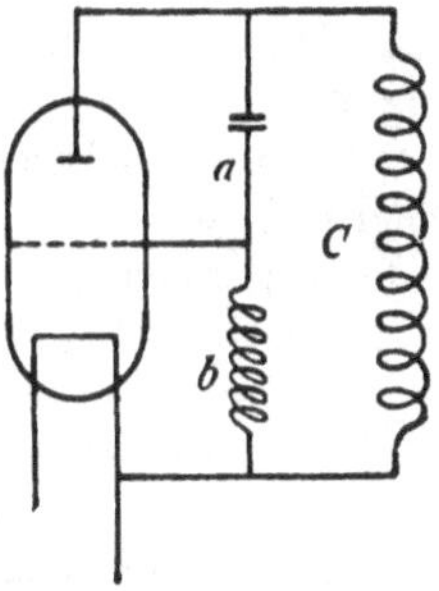

Fig. 46. Induktive Spannungsteiler-Schaltung.

Anodenkreis entzogen werden kann, je geringer die Dämpfung des Schwingungskreises ist.

Bei der induktiven Spannungsteilerschaltung der Fig. 45 und der kapazitiven nach Fig. 44 ist die Rückkopplung nahezu phasenrein, wenn die Verlustwiderstände gering sind. Das notwendige phasenreine $\Re_a$ wird für Fig. 45 durch Anordnung der Spule c zur Kompensation des resultierenden kapazitiven Widerstandes $a + b$ nach der Schaltung der Fig. 46 und für Fig. 44 durch Anordnung des Kondensators 3 zur Kompensation des resultierenden induktiven Widerstandes $1 + 2$ nach der Schaltung der Fig. 47 erzielt.

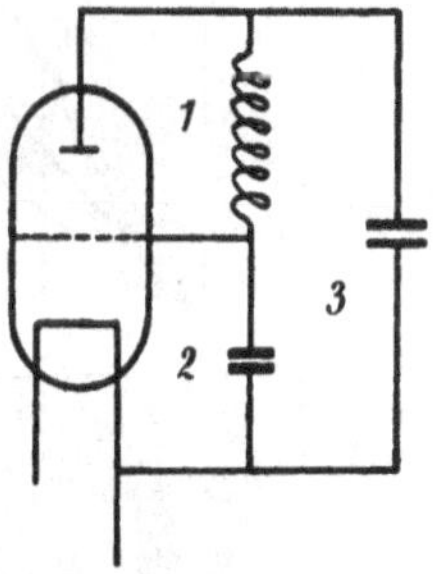

Fig. 47. Kapazitive Spannungsteiler-Schaltung.

Die phasenbestimmenden Größen $\Re$ und $\Re_a$ sind als solche gleichzeitig frequenzbestimmend und amplitudenunabhängig, während die beiden anderen Größen der

Selbsterregungsformel (62) D und S amplitudenabhängig, aber unabhängig von der Frequenz sind.

Die Diskussion der Formel (62), die davon ausgehen muß, daß zur Schwingungserzeugung ein positives $\mathfrak{K}$ notwendig ist, ergibt:

1. Der Rückkopplungsfaktor $\mathfrak{K}$ muß größer als der Durchgriff D sein.
2. Je kleiner D und je größer $\mathfrak{R}_a$ ist, desto leichter wird $\mathfrak{K}$ positiv, desto größer ist die Schwingungsneigung.

46. Der Amplitudenverlauf in Abhängigkeit von der mittleren Steilheit.

Wie groß die entstehende Amplitude eigentlich wird, bedarf einer besonderen Untersuchung. Bisher wissen wir nur, daß bei positivem $\mathfrak{K}$ die Schwingungen anwachsen und bei negativem abklingen. Hieraus können wir unmittelbar folgern, daß beim Anschwingen die Amplitude ihre natürliche, durch die Sättigung gesetzte Grenze erreicht, solange die mittlere Steilheit S_m mit der Amplitude zunimmt. Da nämlich D und $\mathfrak{R}_a$ Konstante sind, wirkt ein größer werdendes S_m auf der rechten Seite der Selbsterregungsformel wie ein größer werdendes $\mathfrak{K}$ auf ihrer linken.

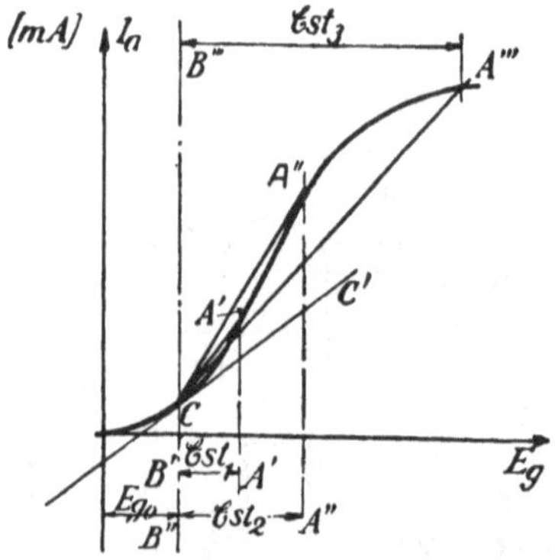

Fig. 48. Hartes Einsetzen.

Ein solches hartes Einsetzen bekommt man beispielsweise, wenn nach Fig. 48 der Ruhepunkt C durch entsprechende Gittervorspannung E_{g_0} an das untere Knie der Kennlinie gelegt wird. Wir sehen, daß dort die mittlere Steilheit, die wir am einfachsten als Steilheit der durch die Steuerspannungsamplitude $\mathfrak{E}_{st_1}$, $\mathfrak{E}_{st_2}$, $\mathfrak{E}_{st_3}$ bestimmten Kurvensehne CA', CA'', CA''' messen, mit der Amplitude wächst, um dann im Sättigungsgebiet wieder ihrem Ausgangswert nahezukommen.

Während nun bei der Lage des Arbeitspunktes C nach Fig. 48 bei genügend großer Rückkopplung die Amplituden direkt auf den hohen Wert $\mathfrak{E}_{st_3}$ anspringen, erhält man nach Fig. 49 bei loserer Rückkopplung ein weiches Einsetzen von Schwingungen mit kleiner Amplitude $\mathfrak{E}_{st_1}$. Hier liegt C in der Mitte der Kennlinie, wo S_m sehr groß ist. Damit die einsetzenden Schwingungen überhaupt wachsen können, ist nach Gleichung (62) zur Kompensation des kleiner werdenden S_m ein größeres $\mathfrak{R}$ notwendig. Man muß also die Rückkopplung fester machen, um ein Ansteigen der Amplitude zu erhalten. Jedem Rückkopplungsgrad ist eine bestimmte Amplitude zugeordnet. Dies bedeutet auch, daß beim umgekehrten Verlauf des Versuchs die Schwingung bei derjenigen Rückkopplungsstellung abklingt, bei der sie einsetzte. Aus dem Gesagten ergibt sich noch, daß beim Loserwerden der Rückkopplung beim Versuch nach Fig. 48 ein plötzliches

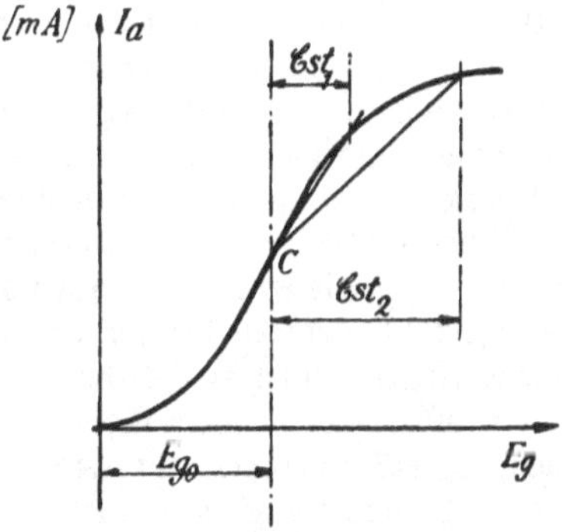

Fig. 49. Weiches Einsetzen.

„Abreißen“ der Amplituden dem harten Einsetzen oder „Anspringen“ entspricht.

Für das Verhalten beim Anschwingen ist daher die Krümmung des Arbeitspunktes und seiner Umgebung maßgebend. Auch der Gitterstrom kann hierbei eine große Rolle spielen, da die mittlere Steilheit des Anodenstromes gleich der des Emissionsstromes, vermindert um die des Gitterstromes, ist.

47. Reißdiagramme.

Da es für Telephoniesender von größter Bedeutung ist, die unstabilen Gebiete zu vermeiden, die eine der Sprachbeeinflussung proportionale Änderung der Amplituden der erzeugten Schwingungen unmöglich machen, bleibt gar nichts anderes übrig, als experimentell für jede Röhre Betriebskurven aufzunehmen. Als brauchbarste Methode hierfür haben sich die Reißdiagramme von Dr. Rukop eingebürgert. Sie setzen bei der Untersuchung von Amplitudenspringen grundsätzlich konstante Frequenz voraus. In Fig. 50 ist das Schema eines Gitterreißdiagramms gezeichnet, aufgenommen für den Telephoniesender nach Fig. 51. In der Abszissenachse ist bei solchen Diagrammen stets die Gittervorspannung aufgetragen, durch die der Ruhepunkt auf der Charakteristik eingestellt wird, wobei die statische Anoden-Gitter-Charakteristik die Lage des Ruhepunktes erkennen läßt (nicht gezeichnet). Die Ordinaten stellen die Amplituden des Anodenwechselstromes dar, wobei für die verschiedenen Kurven oder „Telephonielinien“ die Rückkopplung konstant ist. Der Kurve K_1 ist die kleinste schwingungserhaltende Rückkopplung und der Kurve K_9, *die die größten Amplituden liefert, die „optimale* Rückkopplung“ zugeordnet.

Die Amplitudenkurve des Reißdiagramms entspricht der Schwingkennlinie von Möller und ist genau so wie die Arbeitskurve beim Verstärkervorgang (s. § 31) auf der statischen Kennlinie aufgebaut. Da diese durch ein, durch den Wendepunkt gelegtes Achsenkreuz annähernd symmetrisch geteilt wird, muß sich das Reißdiagramm zu der Ordinatenachse des Wendepunktes spiegeln. Eine solche Symmetrie ist in der Tat im Verlauf der Linien 1—9 des Diagramms nicht zu verkennen.

Die Linien sind nun ganz unsymmetrisch abgegrenzt durch zwei weiße Gebiete *A* und *C*, in welchen überhaupt keine stabilen Schwingungen möglich sind und die beim Arbeiten übersprungen werden. Eine nähere Betrachtung des Gebietes *A* bestätigt die in § 46 gemachten Ausführungen.

Entsprechend der kleinen mittleren Steilheit S_m im Ursprungsgebiet der statischen Kennlinie (—40 Volt) wird eine große Rückkopplung, beispielsweise 7, benötigt, damit überhaupt Schwingungen einsetzen. Setzen sie erst einmal ein, so springen sie auf hohe Amplituden an. Die horizontal schraffierten Gebiete sind bestimmt durch die Hysterese-Schleifen halbstabiler Schwingungen. Für Telephoniebetrieb sind sie ebenso wie die labilen

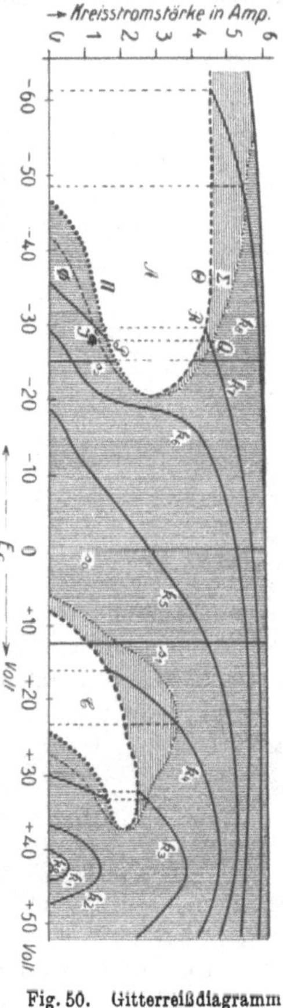

Fig. 50. Gitterreißdiagramm von Dr. Rukop.

Gebiete zu vermeiden. C ist durch die dort größte Steilheit der Gitterkennlinie verursacht.

Die Lage der Fehlstellen wird von den Betriebsverhältnissen weitgehend modifiziert, ist aber von anderen Zu-

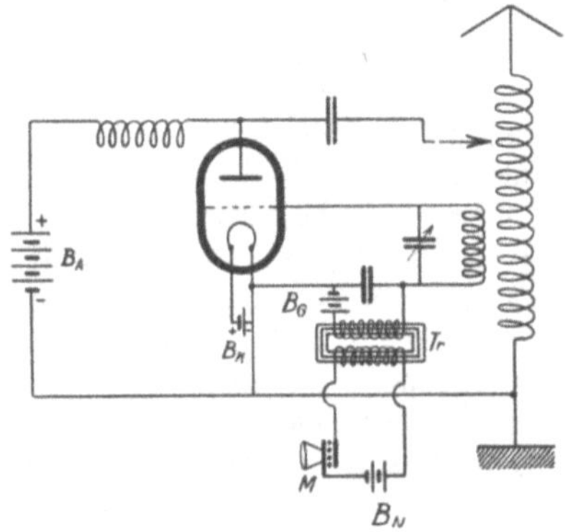

Fig. 51. Telephoniesender mit Gitterbesprechung von Telefunken.

fälligkeiten und Unregelmäßigkeiten vollkommen frei und reproduzierbar.

Nach der Methode des Einbringens von Gitter-Sprachspannungen kann man also mit der Anordnung der Fig. 50 und 51 mit der Rückkopplung K_5 und K_6 betriebssicher arbeiten.

48. Röhren-Gleichrichter.

Wir haben bisher in Abschnitt II gesehen, wie beim Arbeiten auf dem geraden Teil der Kennlinie eine der Steuerleistung am Gitter proportionale Leistung im Anodenkreise „verstärkt“ und wie im einzelnen der Verstärkungsvorgang vor sich geht. Durch die Rückkopplungsschaltung können wir als „Selbstverstärker" einen Schwingungsgenerator schaffen. Zur Erzeugung stabiler Amplituden kommt es dabei in erster Linie auf die Krümmung der Kennlinie an. Diese Krümmung ist auch maßgebend für die Einrichtung der Röhre als Gleichrichter, soweit nicht einfach die Ventilwirkung der Kathodenstrahlen zur Gleichrichtung herangezogen wird. Gerade bei der Gleichrichtung von technischem Wechselstrom in Gleichstrom wird nach letzterem Prinzip gearbeitet, wie wir später sehen werden.

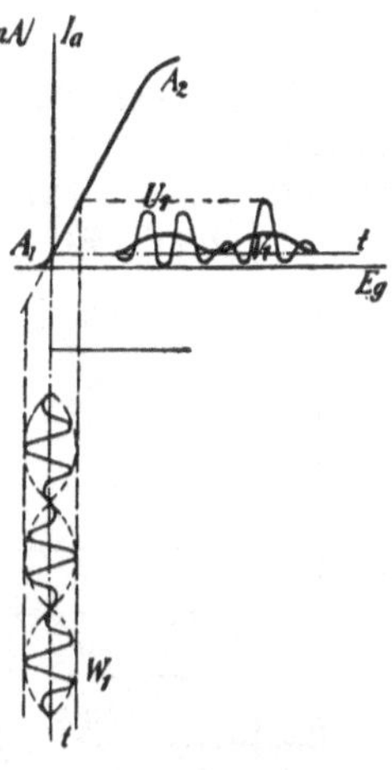

Fig. 52. Gleichrichtung einer modalierten Schwingung.

Etwas anders liegen die Verhältnisse bei der Gleichrichtung hochfrequenter Schwingungen kleiner und kleinster Amplituden, was sich als Notwendigkeit zur Wahrnehmung solcher Schwingungen erweist. Hier begnügt man sich damit, eine Unsymmetrie zu erzielen für den Durchgang der beiden Halbschwingungen zur Erzeugung einer Gleichstromkomponente. Eine solche bewirkt jedes unsymmetrische Gebilde, d. h. jede gekrümmte Charakteristik.

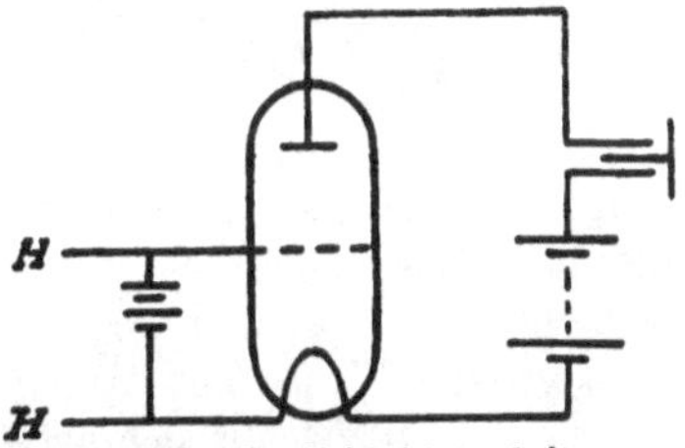

Fig. 53. Röhre in Gleichrichterschaltung.

Als Indikator hat sich nun die Röhre auch in der Form der Dreielektrodenröhre eingebürgert. Grundsätzlich kann man dabei im oberen Knick A_2 oder am unteren Kennlinienknie A_1, wie dies in Fig. 52 dargestellt ist, arbeiten. Lediglich die Lage des Arbeitspunktes bestimmt die Wirkungsweise der Röhre als Gleichrichter. Die Schaltung selbst (s. Fig. 53) weist keine Unterschiede gegenüber der Verstärkerschaltung auf. Empfängt man beispielsweise die tonmodulierte Hochfrequenzwelle W_1 (s. Fig. 52), so wird man zweckmäßig die Anodenspannung, wie dargestellt, so wählen, daß man zum Arbeiten im unteren Knick keine besondere Gitterspannung braucht. Aus der Gitterspannung W_1 entsteht dann der Anodenstrom U_1 und der mittlere Anodenstrom V_1. Da die Schwankung des mittleren Anodenstromes mit Tonfrequenz erfolgt, wird die Membran des Telephons ebenfalls mit Tonfrequenz vibrieren und den Ton hörbar machen.

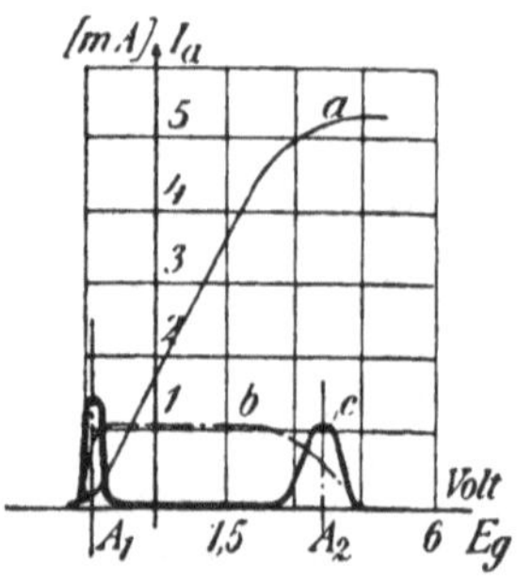

Fig. 54. Empfindlichkeit des Gleichrichter-Effektes.

a) $I_a = f(E_g)$

b) $\frac{d I_a}{d E_g} = f'(E_g)$

c) $\frac{d^2 I_a}{d E_g} = f''(E_g)$.

Die genaue Einstellung von A_1 und A_2 erfolgt nach Kurve *c* der Fig. 54, die sich aus Kurve *a* durch doppelte Differentiation ergibt.

Die eben dargestellte Anodengleichrichtung erfreute sich früher einer vielfachen Verwendung bei Einstellung von A_1; die Einstellung von A_2 ist praktisch weniger brauchbar, da sie sich durch Heizungsänderung A_2 leicht verschiebt.

Die verbreitetste und wirksamste Detektorschaltung für die Eingitterröhre ist aber

49. Die Audionschaltung.

Sie ergibt sich aus der Schaltung von Fig. 53 durch Anordnung eines Kondensators und eines hochohmigen Widerstandes zwischen Gitter und Kathode (s. Fig. 55). Die Wirkungsweise des Audions beruht nicht, wie vielfach irrtümlicherweise angenommen wird, auf einer Anodengleichrichtung, sondern auf einer Gittergleichrichtung; wodurch allerdings eine Änderung des Anodenstromes angestrebt wird.

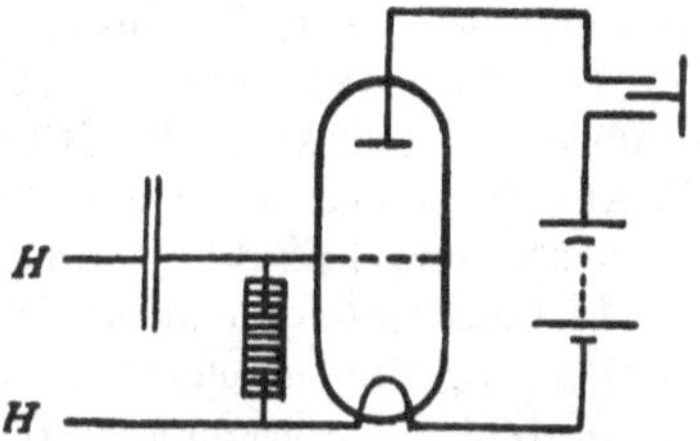

Fig. 55. Röhre in Audionschaltung.

Kommt bei glühendem Faden, angelegter Anodenbatterie und offenem Gitter auf dieses eine positive Ladung, so löst letztere einen Elektronenstrom aus, dessen negative Ladung gerade groß genug ist, die positive Gitterladung zu neutralisieren. Das „Gittergleichgewicht" ist eine negative Ladung, die einer Gittervorspannung von —1 Volt entspricht. Bei dieser fängt normalerweise der Gitterstrom eben zu fließen an. Erfahrungsgemäß bleibt, auch bei offenem Gitter, eine aufgebrachte negative Ladung nicht dort. Sie kann allerdings, da das Gitter kalt ist, keinen Elektronenstrom auslösen; vielmehr wird sie mehr oder weniger schnell über den auf keinen Fall unendlich großen Isolationswiderstand zum Faden abgeführt.

Legt man jetzt den hochohmigen Widerstand zwischen Gitter und Faden, so wird der Ausgleich bis zum Gittergleichgewicht beschleunigt. Kommen Wechselladungen bestimmter Amplitude aufs Gitter, so fließen im stationären Zustand geradeso viele Elektronen in der Zeiteinheit aufs Gitter, als negative Ladungen von dort über den Ableitwiderstand abgeführt werden können.

Das Wesen des Audions besteht nun darin, daß die übrigbleibenden, von außen über den Kondensator an das Gitter gelangenden negativen Ladungen einen Spannungsabfall konstanter Größe in dem Ableitwiderstand schaffen und somit wie eine negative Vorspannung ein Absacken des Anodenstromes gemäß Anodencharakteristik bewirken. Die Zeitdauer des Absinkens ist der Größe des Gitterkondensators umgekehrt, der Größe des Ableitwiderstandes direkt proportional, während die Größe des Absinkens des Anodenstromes lediglich von der Größe der negativen Gitterladungsamplitude abhängig sein darf. Nimmt man also mit einem Audion einen Wellenzug entsprechend Fig. 52 W_1 auf, so bekommt man letzten Endes ebenfalls Schwankungen mittleren Anodenstromes nach Fig. 52 V_1.

50. Dämpfungsreduktion.

Zum Schlusse dieses Abschnitts wollen wir noch darauf zurückkommen, wie die in § 42 erwähnten Rückkopplungsstörungen zur Erhöhung des Verstärkungsgrades herangezogen werden können.

Wir haben in § 41 gesehen, daß der vor allem bei Hochfrequenzverstärkern verwendete Resonanzkreis nach Maßgabe seiner Dämpfung zur Erhöhung der Verstärkung sich eignet. Diese Dämpfung kann nun durch Rückkopplung reduziert werden. Man hat nur notwendig, vom Anodenkreis, beispielsweise mit einer Spule, auf den Gitterkreis mit einer solchen Polung rückzukoppeln, wie wir dies für die Einrichtung eines Senders als notwendig erkannt haben. Bei genügend starker Rückkopplung wird dann der Hochfrequenzverstärker in der Tat ein kleiner Sender, der die Antenne zur Strahlung veranlassen kann. Ganz allgemein nennt man denjenigen Rückkopplungsgrad, bei dem eine vollständige Entdämpfung statfindet und bei dem die Einrichtung eben zur Selbsterregung gelangt, die kritische Rückkopplung. Bei loserer Rückkopplung wirkt die Anordnung wie eine Verkleinerung des wirksamen Widerstandes des Gitterkreises, liefert also eine

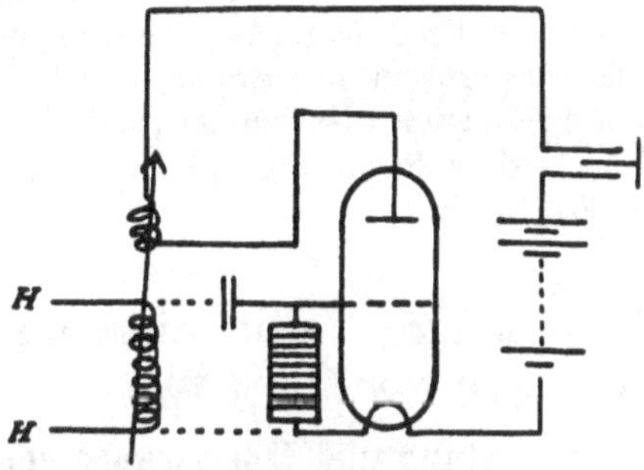

Fig. 56. Das Schwing-Audion.

Dämpfungsreduktion. Mit der Rückkopplung kann man der Resonanzkurve eine steile Kuppe aufsetzen. Die kritische Rückkopplung, bei der die Kuppe zu einer Spitze entartet, ist dabei streng zu vermeiden.

In Fig. 56 sehen wir die Einrichtung eines Audions mit Rückkopplung. Dieses kann als Schwingaudion zur Erzeugung einer Hilfsfrequenz benutzt werden, um durch Überlagerung mit einer ungedämpften Empfangswelle Schwebungen in Tonhöhe, also einen hörbaren Empfang, zu erzielen. Für kleine Wellen kann man auf diese Weise einen besonderen Überlagerer entbehren.

Mit dem rückgekoppelten Audion kann man aber auch mit Dämpfungsreduktion arbeiten bei tönendem Empfang, bei Telephonie oder bei ungedämpftem Empfang mit Überlagerer.

Voraussetzung bei der Verwendung von Dämpfungsreduktion ist ganz allgemein, daß die Schwingungen weich einsetzen bzw. einsetzen würden.

Die außerordentliche Empfindlichkeit des Selbsterregungspunktes wird neuerdings bei den sogenannten Superregenerativ- oder Pendelrückkopplungsschaltungen ausgenutzt. Diesen Schaltungen ist das Arbeiten mit einer über Hörgrenze liegenden Pendelfrequenz gemeinsam, die dafür sorgt, daß die Selbsterregung nur periodisch erfolgt und daß die erzeugte Schwingung der empfangenen formgetreu bleibt. Näheres siehe Sammlung Göschen, ,,Radiotechnik III, Nr. 951, S. 90ff.

III. Besondere Verhältnisse und Anordnungen von Elektronenröhren.

51. Heizleistung und Lebensdauer von Glühkathoden.

Nachdem wir in Abschnitt II die wesentlichen Funktionen der Elektronenröhre als Verstärker, Generator und Gleichrichter kennengelernt haben, wollen wir in diesem Abschnitte Rentabilitätsfragen anschneiden, praktische Betriebsverhältnisse untersuchen und auf Details von Röhrenanordnungen eingehen.

Mitten in diese Probleme hinein führt uns die Frage nach der Heizung. Wir wissen aus § 12, daß die Bestimmung der Elektronen-Emission nach dem Richardsonschen Gesetz im praktischen Falle mit Rücksicht auf die Lebensdauer des Glühfadens, seine Heizkosten und Konstruktion er-

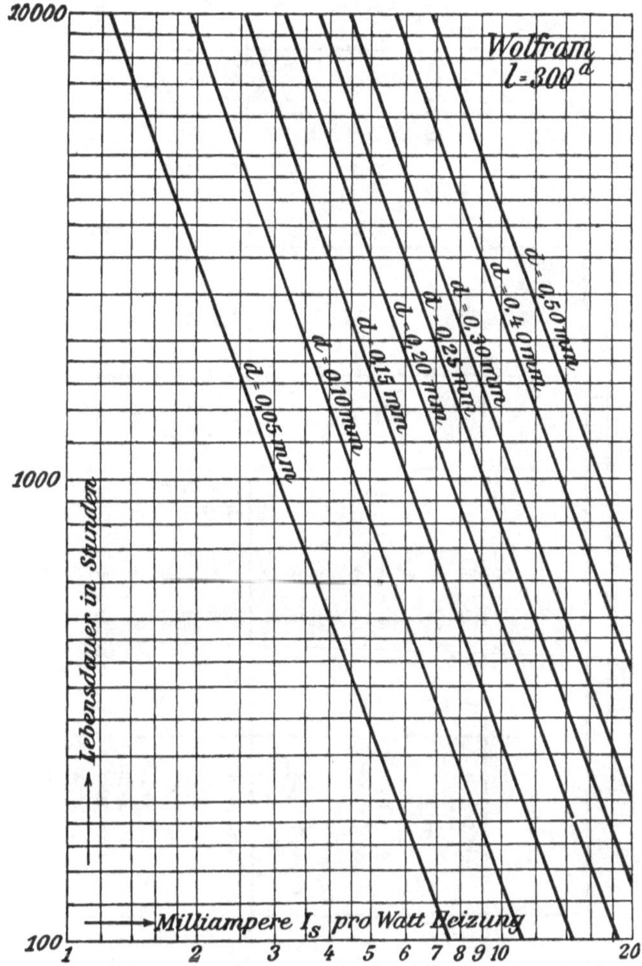

Fig. 57. Belastung und Lebensdauer von Wolframfäden. (Aus: Zenneck-Rukop, Lehrbuch der drahtlosen Telegraphie. Stuttgart 1925, Ferd. Enke.)

Tabelle 4. Empfangs- und Verstärkerröhren mit 1 Gitter.

Type	Herkunft	Glühkathode				J_s mA	$B = \frac{J_s}{W_h} \frac{mA}{\text{Watt}}$	E_a Volt	D	$S\,10^{-3}$	Gruppe
		Mat.	J_h Amp.	E_h Volt	W_h Watt						
RE 11	Telefunken	Wo.	0,50	2,8	1,4	2—3	1,8	40—60	10	0,15	I
RE 38, RE 73	,,	,,	0,50	3,8	1,9	3—5	2,1	40—60	10	0,30	
RE 58	,,	,,	1	5	5	10—15	2,5	50—100	12	0,35	
R 5	S. F. R.	,,	0,5	3,5	1,8	3—5	2,2	50—100	12	0,20	
LS 3	Marconi Comp.	,,	0,65	4	2,6	5	1,9	70—100	—	—	
R	,,	,,	0,65	4	2,6	5	1,9	70	—	—	
V 24	,,	,,	0,7	5	3,5	5	1,4	24—30	18	—	
UV 201	Gen. El. Comp.	,,	1	5	5	10—15	2,5	30—100	14	0,35	
D II	Philips	,,	0,5	3,5	1,8	3—5	2,2	30—70	11	0,20	
RE 48	Telefunken	Oxyd	0,16	1,4	0,22	10	45,5	50—100	20	0,30	II
RE 84	,,	,,	0,25	1,3	0,33	10—15	38,0	50—100	30	0,40	
RE 86	,,	,,	0,25	1,3	0,32	5—10	23,4	50—100	7	0,40	
R 215 A	Western El.	,,	0,25	1	0,25	3—5	16,0	50—100	18	0,20	
WD 11, WD 12	Westinghouse, Gen. El. Comp.	,,	0,25	1	0,25	10	40,0	50—100	—	0,20	
B II	Philips	—	0,20	1,7	0,34	—	—	30—75	10	0,20	

folgt. Ferner wissen wir, daß der Glühfaden im allgemeinen elektrisch geheizt wird, und die wichtigste Frage wird sein, wie die Lebensdauer mit der Belastung des Fadens abnimmt. Unter Belastung B versteht man hierbei die Ergiebigkeit der Elektronenquelle in mA, bezogen auf 1 Watt Heizleistung. Diese Zusammenhänge zeigt die Kurvenschar der Fig. 57, die ein umfangreiches Versuchsmaterial der Telefunkengesellschaft darstellt. Das hierbei vorausgesetzte Verhältnis von

$$\frac{(\text{Fadenlänge})\ l}{(\text{Fadendicke})\ d} = 300 \qquad (67)$$

hat sich aus den Konstruktionsbedingungen ergeben. Für die durchschnittliche Beanspruchung von 5 mA pro Watt und das Fadenmaterial Wolfram zeigt die Fig. 58 den Sättigungsstrom J_S und die Zerlegung der Heizwatt in Heizspannung V_H und Heizstrom J_H.

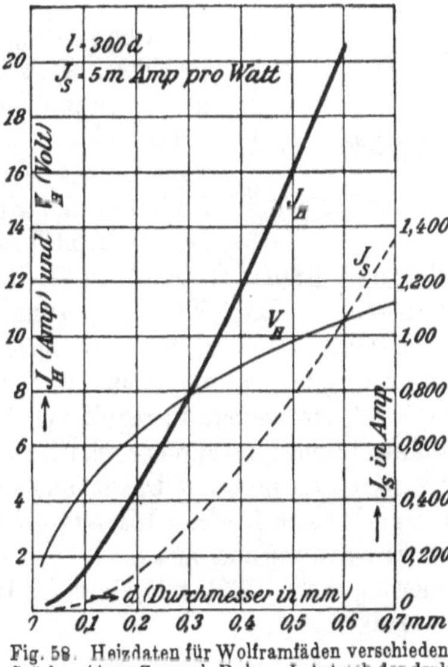

Fig. 58. Heizdaten für Wolframfäden verschiedener Stärke. (Aus: Zenneck-Rukop, Lehrbuch der drahtlosen Telegraphie. Stuttgart 1925, Ferd. Enke.)

Bei der meßtechnischen Bestimmung von J_H ist mancherlei zu beachten. Zunächst ist festzustellen, daß auch der Elektronenstrom eine Heizwirkung hat. Dies ist in Fig. 59 veranschaulicht. Dort zeigen bei der Ausschaltung des Schalters *Sch*, also bei stromlosem Anodenkreise, die beiden Instrumente im Heizkreise A_1 und A_2 denselben Ausschlag. Dieser ändert sich, sobald ein Anodenstrom J_a fließt, und zwar ergibt sich dessen Größe auch als die Differenz der Ausschläge beider Heizkreisinstrumente. Haben die Zuleitungen vom Glühfaden zur Heizbatterie dieselben Widerstände, so fließt in der Leitung zum positiven Batteriepol der Strom $J_H - \frac{J_a}{2}$ und in der zum negativen Pol $J_H + \frac{J_a}{2}$. Zwecks Vermeidung von Überlastung ist daher die vorgeschriebene Heizstromstärke stets am negativen Fadenende zu messen.

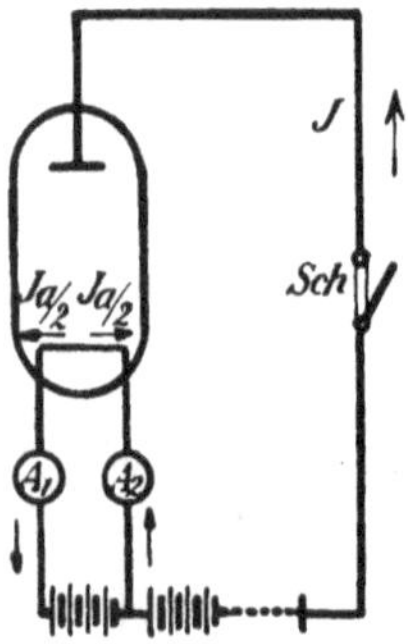

Fig. 59. Heizwirkung des Elektronen-Stromes.

Da eine kleine Änderung des Heizstromes eine 10- bis 15fache Änderung der Emission bewirkt und es bei sämtlichen Röhrengattungen auf exakte Konstanz derselben im Betriebe ankommt, so ist es sehr zweckmäßig, die Heizung mit einem empfindlichen Galvanometer im Anodenkreise zu überwachen. Man kann auch automatisch durch den Entladungsstrom die Glühfadentemperatur regulieren. Für Rundfunkzwecke genügt ein geeignet dimensionierter Heizregler. Will man eine ganz bestimmte Heizstromstärke festhalten, so kann man auch einen in einer Wasserstoffatmosphäre brennenden Eisenwiderstand anordnen, der auf eine Spannungsänderung von 200% mit einer Stromänderung von nur 1% reagiert.

52. Die Heizung von Empfangs- und Verstärkerröhren

erfordert eine besondere Betrachtung. Aus den in Tabelle 4 zusammengestellten Daten bekommen wir für die Glühfäden der Gruppe I, die ältere Röhren mit Wolfram-Kathoden enthält, eine durchschnittliche Belastung B_m von etwa 2 mA pro Heizwatt. Die Telefunkenröhre RE 11 ist in der Fig. 60 dargestellt.

Neuerdings ist es gelungen, die alten, in § 16 schon erwähnten Wehnelt-Kathoden in haltbarer und dauerhafter Form herzustellen. Dabei werden die verwendeten Metalloxyde der Erdalkalien, wie Kalzium-, Strontium- und Bariumoxyd in Mischung mit verschiedenen Zusätzen, die von jedem Betriebe als Fabrikationsgeheimnis gewahrt werden, aufgeklebt oder aufgeschmolzen und festgesintert. Der Kerndraht besteht in der Hauptsache aus Platin und Platin-Iridium. Bei einer genügenden Lebensdauer von etwa 1000 Brennstunden bekommt man bei solchen in den Fig. 61 und 62 dargestellten Röhren gemäß Gruppe II der Tabelle 4 eine durchschnittliche Belastung von etwa 30 mA pro Watt. Auch bei den sogenannten Thoriumfäden, bei denen das in Wolfram eingebettete Thoroxyd reduziert wird, erhält man eine Emission von 20—50 mA pro Watt Heizleistung.

Fig. 60. Telefunkenröhre RE 11.

Die lange Lebensdauer bei Oxyd- und Thoriumfäden rührt daher, daß schon bei dunkler Rotglut die obige Elektronenergiebigkeit eintritt, während Wolframfäden im allgemeinen mit heller Weißglut brennen müssen. Die Gefahr des Zersplitterns und Auseinanderkristallisierens ist dann sehr groß. Bei kleinen Verstärkerröhren strebt man ohnehin niedrigere Temperaturen und dickere Fäden an, da letztere eine bessere Konstruktion und Fabrikation ermöglichen. Je größer die Fadenoberfläche F, desto kleiner

Fig. 61. Oxydröhre RE 062 (Telefunken).

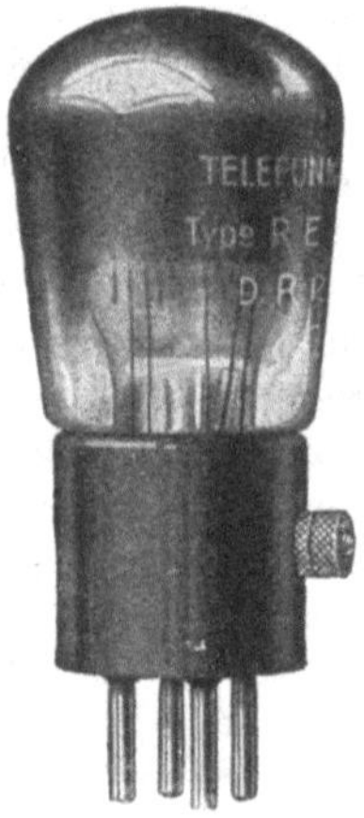

Fig. 62. Oxydröhre RE 072 d (Doppelgitter) (Telefunken).

kann die spezifische Belastung i bei gleicher Gesamtemission J_S werden, da der Emissionsstrom des Fadens

$$J_S = iF = A\sqrt{T}\,e^{-\frac{b}{T}} \cdot F \qquad (68\text{a}) \quad (68\text{b})$$

beträgt.

Bei Oxydkathoden hat man gelegentlich beobachtet, daß der Faden weiterglüht, wenn die Batterie ausgeschaltet wird. Der Grund für diese Erscheinung ist darin zu suchen, daß beim Durchfließen der schlecht leitenden Oxydschicht der Emissionsstrom eine zusätzliche Erwärmung liefert.

Will man diese Wärmequelle zur Heizung benutzen, so hat man nur nötig, den Vorgang mit einer äußeren Stromquelle einzuleiten und durch einen hohen Vorschaltwiderstand oder sonst irgendwie eine Strombegrenzung herbeizuführen. Sonst wird der Betrieb labil, und der Faden brennt durch.

Dies passiert auch öfters durch die sogenannte Rückheizung. Darunter versteht man ein Anwachsen des Anodenstromes bei gleicher Heizung und Anodenspannung. Nimmt man zur Erklärung eine bestimmte Heizung an, so bewirkt der ihr entsprechende Anodenstrom bei der Abbremsung auf der Anode eine Erwärmung, die der Kathode zugestrahlt wird und dort eine Temperaturerhöhung zur Folge hat. So kommt ein langsames und stetes Anwachsen der Emission zustande.

53. Die Heizung von Senderröhren

erfordert durchweg Wolframfäden. Erst die Zukunft wird entscheiden, ob in großen Sendeeinheiten auch Oxyd- und

Tabelle 5. Senderröhren von Telefunken mit Wolframkathoden.

Type	Leistung $\mathfrak{N}_a$ Watt	E_a Volt	Emission Amp.	Heizung etwa			$B = \frac{J_S}{W_h} \frac{mA}{Watt}$
				J_h Amp.	E_h Watt	W_h Watt	
RS 69	20	800	0,125	3	10	30	4,2
RS 31	75	1600	0,2	4	10	40	5,0
RS 19	200	3000	0,3	4	14	56	5,4
RS 18	500	3000	0,7	8	16	128	5,5
RS 47	1 (kW)	10000	0,4	8	16	128	3,1
RS 53	2,5 (kW)	10000	1,25	16	16	256	4,9
RS 54	5 (kW)	20000	1,250	16	20	320	3,9

Thoriumkathoden eingebaut werden können. Bis jetzt hat sich Wolfram als das einzige Material erwiesen, das auf die Dauer die recht erhebliche Rückheizung der auf Rotglut erhitzten Anode auszuhalten vermag und dem Bombardement der bei den höchsten Vakuumgraden noch auftretenden Kanalstrahlen (s. § 7) gewachsen ist. Aus der Tabelle 5, die Angaben von normalisierten Röhren der Telefunkengesellschaft enthält, ergibt sich eine durchschnittliche Belastung von 4 bis 5 mA Emission pro Heizwatt. Die in Tafel III und IV abgebildeten Röhren haben Glaskolben, wofür sich das sogenannte Thüringer Glas besonders eignet. Während für die Röhren kleinerer Leistung Anoden aus Nickel, Eisen, Chrom und ihren Legierungen genügen, werden für Röhren von 1 kW aufwärts wegen der thermischen Beanspruchungen bis zu 1000° C vorzüglich Molybdän und Tantal als Anodenmaterial, für Durchführungen zu den Elektroden statt Platin ebenfalls Molybdän und statt des Thüringer Glases Molybdänglas verwendet. Es ist eben darauf zu sehen, daß Materialien mit demselben Ausdehnungskoeffizienten Verwendung finden. Oft werden auch zur Herabsetzung der Anodentemperatur Kühlvorrichtungen angebracht. Die Fig. 63 zeigt beispielsweise, daß die Anode als Metallkolben für Wasserkühlung ausgebildet werden kann.

Fig. 63. Senderöhre RS 225 II von Telefunken mit Wasserkühlung (Siemens & Halske).

Die in § 51 behandelte, der Heizwirkung des Anodenstroms zur Last fallende unsymmetrische Fadenbelastung kann bei Senderröhren durch Wechselstromheizung vermieden oder doch wesentlich vermindert werden. Dies sei an einem Beispiel gezeigt. Aus Fig. 5 kann man ablesen, daß sich bei einer Änderung des Heizstromes um 5% der Emissionsstrom um 100% ändert. Die Emission wird daher am negativen Fadenende doppelt so groß wie am positiven, wenn beispielsweise der Heizstrom 5% des Anodenstromes beträgt. Dies gilt für Gleichstrom. Bei Wechselstromheizung erhält in diesem Falle der resultierende Strom

$$J_{\text{eff}} = \sqrt{J_{h_{\text{eff}}}^2 + J_S^2} \tag{69}$$

die Größe

(70a) $J_{\text{eff}} = J_h \sqrt{1 + 0{,}05^2} = \sqrt{1{,}0025} = 1{,}001$. (70b), (70c)

Die Heizung des Emissionsstromes ist hier also vollständig zu vernachlässigen.

Den Nachteil des sogenannten Heiztones kann man bei Röhrensendern mit Wechselstrombetrieb verschmerzen. Dieser Ton entsteht durch die mit dem Wechselstrom schwankenden Temperaturänderungen des Glühfadens und hat die doppelte Frequenz des Speisestromes, da mit jeder Halbschwingung der Glühfaden seine maximale Temperatur erreicht.

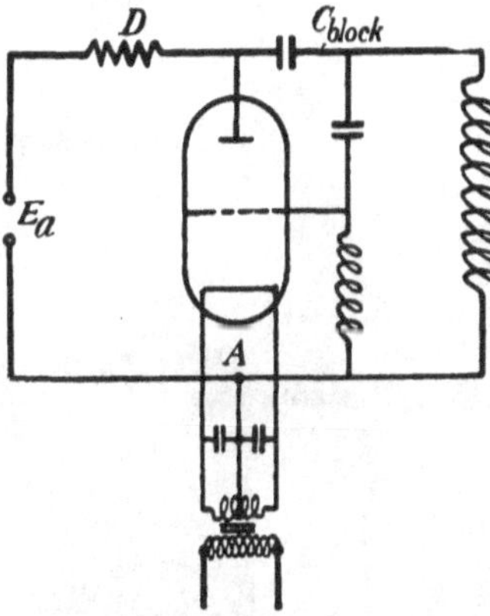

Fig. 64. Abzweigung für die Gitterspannung bei Wechselstrom-Heizung.

Gefährlicher sind Schwankungen der Gitterspannung, die man bekanntlich am einfachsten an der Kathode abnimmt. Nach der Schaltung von Fig. 64 kann aber leicht

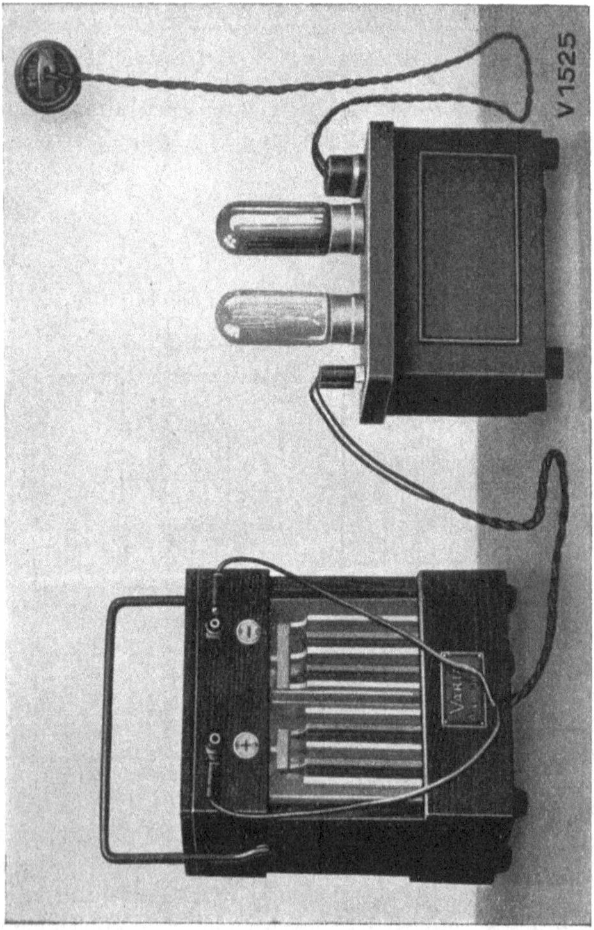

Fig. 65. „Varta-Simplex"-Radio-Gleichrichter der Accumulatoren-Fabrik Aktiengesellschaft, Berlin SW 11.

ein Punkt A konstanten Potentials geschaffen und von ihm die Gitterspannung abgenommen werden.

Während für Sender eine weitgehende Reduzierung dieser Schwankungen genügt und keine absolute Tonreinheit verlangt wird, ist eine solche für Verstärker notwendig. Bisher hat man daher für Empfangs- und Verstärkereinrichtungen von Wechselstromheizung abgesehen.

54. Stromquellen kleiner Leistung für kleine und mittlere Röhren.

Sowohl für Verstärker- als auch Senderröhren macht die Beschaffung von Heizstromquellen keine besondere Schwierigkeiten. Für die modernen Oxyd- und Thoriumfäden genügen Trockenbatterien; wobei das Streben dahin geht, auch diese zu sparen und die Röhrenfäden durch Rückheizung usw. zu betreiben. Für größere Verstärker- und kleinere Senderröhren ist der Heizakkumulator sehr gut eingeführt.

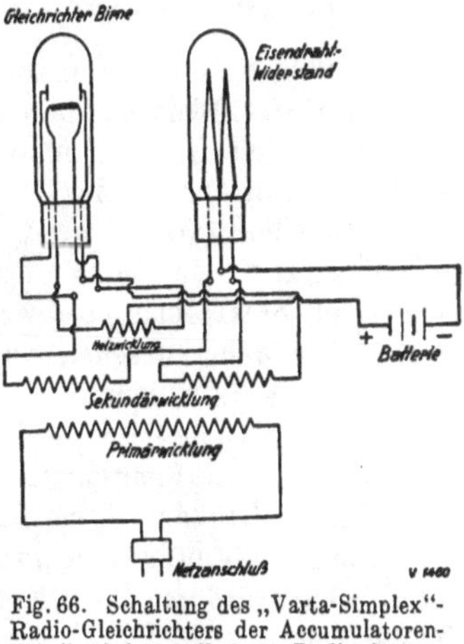

Fig. 66. Schaltung des „Varta-Simplex"-Radio-Gleichrichters der Accumulatoren-Fabrik Aktiengesellschaft, Berlin SW 11.

Man kann auch für Empfangs- und Verstärkerröhren sowohl Heizstrom als auch Anodenstrom über sogenannte Netzanschlußgeräte einem Gleichstromnetz entnehmen. Mit mehr oder weniger Erfolg hat man auch, vorzüglich für die Speisung von Rundfunkapparaten, Wechselstrom-Netzanschlußgeräte gebaut. Bis jetzt ist es aber offenbar noch nicht gelungen, den in § 53 behandelten Heizton zu beseitigen.

Eine Zwischenlösung bringt der von der Accumulatorenfabrik Aktiengesellschaft AFA auf den Markt gebrachte „Varta-Simplex"-Radio-Gleichrichter von Fig. 65, der, wie die Schaltung von Fig. 66 lehrt, über eine Gleichrichterbirne (s. § 66) eine Batterie speist.

Bei dem in Fig. 64 dargestellten Beispiel liefert eine Wechselstromdynamo über einen Transformator die Heizspannung. Nicht so einfach liegen die Dinge für die Beschaffung einer Hochspannungsgleichstromquelle für den Anodenstrom.

55. Die Anodenspannung bei Senderröhren.

Bis zu 2000 Volt findet man Hochspannungsbatterien, wobei dann 1000 Bleizellen hintereinander geschaltet sind. Bis zu 6000 Volt Gleichspannung kann man auch direkt mit der Maschine erzeugen.

Am vorteilhaftesten erweist sich aber der Röhrengleichrichter, ein besonderes Anwendungsgebiet der technischen Elektronenröhre, weshalb wir uns dessen Besonderheiten näher ansehen wollen. Die Gleichrichtung geschieht hier nach dem in § 48 erwähnten Prinzip der Ventilwirkung, so daß diese Röhren kein Gitter benötigen. Speziell für höhere Spannungen werden solche Ventile in verschiedenen Größen, wie sie Tafel V zeigt, gebaut, wobei auf höchstes Vakuum Wert gelegt wird. Fig. 67 zeigt eine Glühventilröhre der AEG neuesten Datums für 250 000 Volt.

Da je nach Bauart des Ventils bei Spannungen von etwa 5000 Volt an die Kathode durch das hohe elektrostatische Feld gegen die Anode hin eine mechanische Zugbeanspruchung erfährt, muß dem Faden ein besonderer Schutz

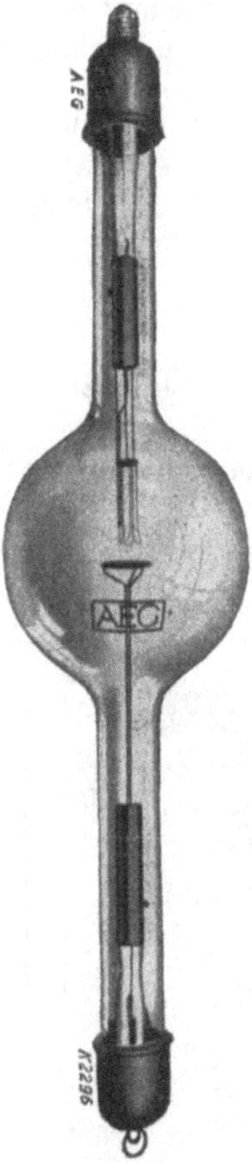

Fig. 67. Glühventilröhre der AEG für 250000 Volt.

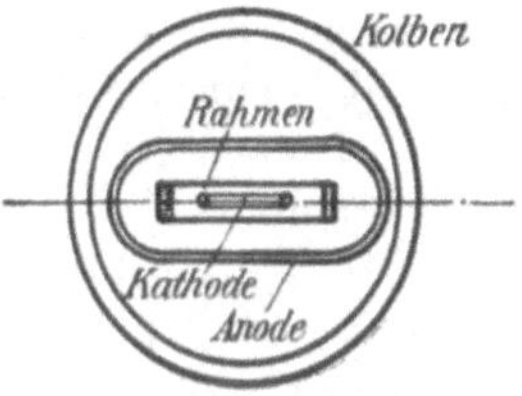

Fig. 68. Rahmenkathode.

Fig. 69. Hochvakuum-Doppel-Ventil von Telefunken-Osram.

zuteil werden. Entweder wird die Kathode koaxial zum Anodenzylinder angeordnet oder bildet man die Kathode als Rahmenkathode nach dem Querschnittsbilde von Fig. 68 aus, wo der Schutzrahmen *R* die mechanischen Kraftwirkungen kompensiert und abschirmt.

Will man 2 Anoden in ein Ventil einbauen, so muß streng auf räumliche Trennung der Felder geachtet werden zwecks Vermeidung von störender Überlagerung. Am einfachsten geschieht dies dadurch, daß jeder Anode nach Fig. 69 eine besondere Kathode zugeordnet ist.

56. Die Gleichrichtung von technischem Wechselstrom.

Dagegen findet man bis zu Spannungen von 8000 Volt Quecksilberdampfgleichrichter und bis zu Spannungen von 3000 Volt Glühkathodengasgleichrichter als Anodenstromquellen im Betriebe, bei denen beide Halb-

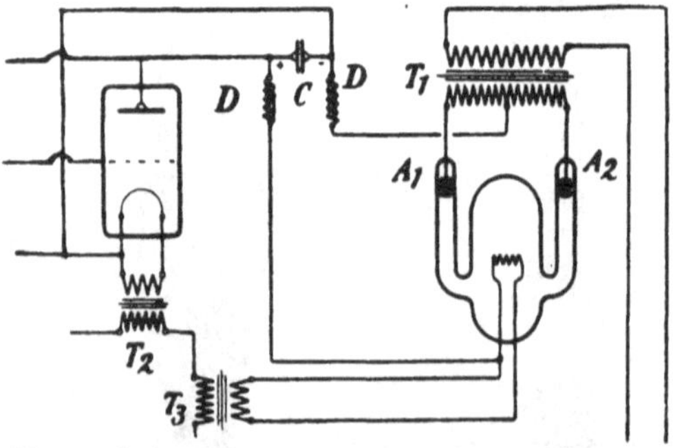

Fig. 70. Speisung eines Röhrensenders durch Gleichrichter.

schwingungen unter Anordnung von 2 Anoden und einer einzigen Kathode gleichgerichtet werden. Für jede weitere Phase kommt dann bei mehrphasigem Wechselstrom eine weitere Anode hinzu. Ein solcher in Tafel VI dargestellter Wehnelt-Gleichrichter der Accumulatoren-Fabrik Aktiengesellschaft, Berlin SW 11, Birne mit Oxydkathode und Edelgasfüllung, wird mit dem Röhrensender zweckmäßig nach Fig. 70 geschaltet.

Wir sehen, daß hier über geeignete Transformatoren T_2 und T_3 sowohl Röhrensender wie Gleichrichter vom Wechselstromnetz geheizt werden. Legt man über den Transformator T_1 an die beiden Anoden des Gleichrichters A_1 und A_2 eine Wechselspannung, so kann man in den Zuleitungen zum Sender einen unipolar pulsierenden oder „gleichgerichteten" Strom dadurch erzeugen, daß man die Erregerwicklung von A_1 und A_2 in der Mitte anzapft und mit der Senderkathode über eine Drossel verbindet, desgleichen die Kathode des Gleichrichters mit der Anode des Senders. Mit einer solchen „Gegentaktschaltung" erzeugt man Pulsationen von der halben Größe der Wechselspannungsamplitude. Ordnet man einen Kondensator C an, so können diese Pulsationen geglättet werden. Die Oberschwingungen dieser Pulsation, deren Grundfrequenz ω_0 gleich der doppelten Frequenz des gleich zu richtenden Wechselstroms ist, bilden sich bevorzugt aus, da diese mit den Frequenzen $2\omega_0$, $3\omega_0$, $4\omega_0$ usw. einen entsprechend kleineren kapazitiven Widerstand haben. Der Kondensator C bildet daher bei genügender Größe eine nahezu konstante Gleichstromquelle. Um bei Telephoniesendern den „Anodenton" vollständig zu vermeiden, bevorzugt man hier Wechselstromquellen, deren Frequenz über Tonhöhe liegt.

Auf der anderen Seite des Röhrengenerators hat man sich die Hochfrequenzschaltung zu denken. Wir haben somit dieselbe Anordnung der Anodenstromquelle wie bei der Schaltung von Fig. 64. Durch die Drossel D werden die Hochfrequenzströme von der Gleichstromseite abgehalten; durch den Blockierungskondensator C_{block} erfolgt eine Abtrennung der gefährlichen Hochspannung vom Wechselstromkreis. Diese Parallelschaltung ist bei allen größeren Sendern üblich.

57. Der Wirkungsgrad des Röhrensenders.

Die Wahl der richtigen Anodenspannung ist entscheidend für die Größe des Wirkungsgrades, der beim Röhrensender eine ausgesprochene Betriebsgröße ist und ganz empfindlich auf die Betriebsverhältnisse reagiert. Nach der Definitionsgleichung des Wirkungsgrades (57) müssen wir für eine bestimmte Wechselstromleistung die notwendige Gleichstromleistung möglichst klein oder umgekehrt für eine bestimmte Gleichstromleistung die Wechselstromausbeute möglichst groß machen.

Das Hauptprinzip zur Steigerung des Wirkungsgrades liefert uns die Überlegung, daß eine möglichst vollständige Umwandlung des Elektronenstromes in Wechselstrom unter dem Einflusse der Steuerwechselspannung $\mathfrak{E}_{st}$ am Gitter erreicht werden muß. Für die Betrachtung ist es ganz gleichgültig, ob die an und für sich kleine Steuerleistung besonders erzeugt, der Röhrensender also fremd erregt oder durch Rückkopplung selbst erregt ist. Es kommt in jedem Falle eben darauf an, die Restleistung zwischen der zugelieferten Gleichstromleistung N_a und der gewonnenen Wechselstromleistung $\mathfrak{N}_a$, die als Wärme Q in der Röhre verloren geht, möglichst klein zu machen. Dies geschieht einmal dadurch, daß man die positive Stromamplitude mit der negativen Spannungsamplitude zusammenfallen läßt. Dadurch wird erreicht, daß die in Wärme umzusetzende kinetische Energie der Elektronen herabgesetzt wird. Zum andern hat man überhaupt jede Spannungsüberlastung zu vermeiden.

Der Strom findet seine natürliche Begrenzung im Sättigungs- und Nullwerte. Die Amplitude ist also

$$\mathfrak{J}_a \leqq \frac{J_S}{2}. \tag{71}$$

Soll für den größten Strom die Spannung am kleinsten sein, so darf doch letztere auf keinen Fall kleiner als die Sättigungsspannung E_S werden. Es ist also die negative Amplitude der Anodenspannung

$$\mathfrak{E}_a \leqq E_a - E_S. \tag{72}$$

Hieraus sieht man schon, daß die Anodenspannung E_a möglichst groß gewählt werden muß. Aus der Bedingung (71) für volle Aussteuerung des Stromes ergibt sich für die Steuergleichspannung die halbe Größe der Sättigungsspannung, also

$$E_g + D E_a = \tfrac{1}{2} E_S. \tag{73}$$

Wünscht man keine besondere Gittervorspannung E_g, so ergibt sich somit zwischen Durchgriff und Betriebsspannung die Beziehung

$$D = \frac{E_S}{2 E_a}. \tag{74}$$

Die Steueramplitude erhält für volle Aussteuerung den Wert

$$\text{(75a)} \qquad \mathfrak{E}_{st} = \mathfrak{E}_g + D \mathfrak{E}_a = \tfrac{1}{2} E_S. \qquad \text{(75b)}$$

58. Grenzgitterspannung und Grenzwiderstand.

Mit dem optimalen $\mathfrak{E}_a$ der Gleichung 72 erhält man aus 75a und 75b unter Beachtung von (73) die zur vollen Aussteuerung der Charakteristik notwendige Gitterspannungsamplitude oder die sogenannte Grenzgitterspannung

$$\mathfrak{E}_{gr} = E_S (1 - D) - E_g. \tag{76}$$

Er hat die Bedeutung, daß seine Überschreitung die Proportionalität zwischen $\mathfrak{E}_g$ und $\mathfrak{E}_a$ zerstört, so wie dies

Fig. 71 zeigt. Er grenzt die Schwingungen erster Art von den Schwingungen zweiter Art ab, welche Bezeichnungsweise für die harmonischen und nichtharmonischen Schwingungen man gelegentlich in der Literatur in Anlehnung an die Verhältnisse beim Lichtbogengenerator findet.

Den maximalen Wirkungsgrad bei Schwingungen erster Art erhalten wir, wenn zur vollen Aussteuerung des Stromes (Grenzgitterspannung) die volle Aussteuerung

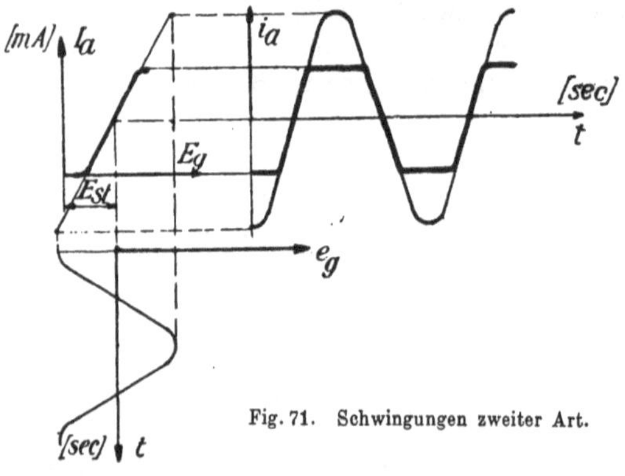

Fig. 71. Schwingungen zweiter Art.

der Spannung kommt. Beide Bedingungen sind erfüllt bei den Betriebsverhältnissen nach Fig. 72. Wie wir sehen, ist die Spannungsamplitude $\mathfrak{E}_a = E_a$ und nicht $\mathfrak{E}_a = E_a - E_S$ gezeichnet. Diese Vernachlässigung von E_S ist in erster Annäherung zulässig, da man in der Praxis etwa $E_a = 10 E_S$ wählt.

Ferner sehen wir, daß die nichtschraffierte Q-Fläche, die aus dem i_a-, e_a-Diagramm nach der Formel

$$Q = N_a - i_a e_a \tag{77}$$

graphisch ausgewertet ist, gerade halb so groß wie die schraffierte $\mathfrak{N}_a$-Fläche ist, so daß also für Schwingungen erster Art der maximale Wirkungsgrad

$$(78\text{a}), (78\text{b}) \quad \eta_{\max} = \frac{\mathfrak{N}_a}{N_a} = \frac{i_a\, e_a}{J_a\, E_a} = \frac{1}{2} = 50\%. \quad (78\text{c}), (78\text{d})$$

Dies ist ein außerordentlich wichtiges Resultat. Daß bei Schwingungen zweiter Art der Wirkungsgrad weiter gesteigert werden kann, zeigt Fig. 73. Die Steuerspannungsamplitude ist hier gleich der Sättigungsspannung E_S, was bei derselben Spannungsaussteuerung einen Wirkungsgrad $\eta = 82\%$ bringt, wie sich durch Auswertung der Q_a-Kurve ergibt.

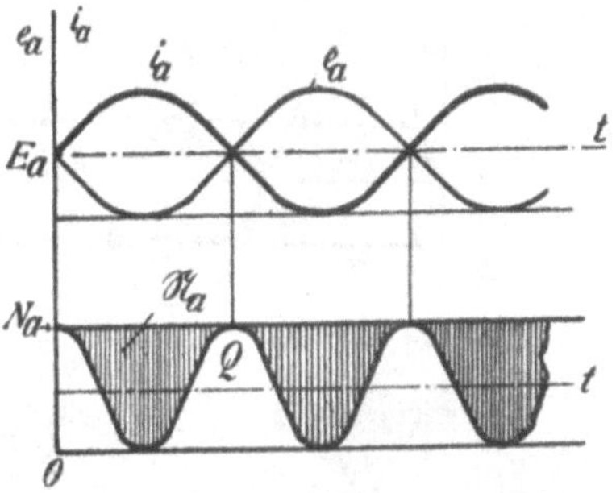

Fig. 72. Leistungskurve bei Grenzgitter-Spannung.

An den Anodenwiderstand $\mathfrak{R}_a$ sind dabei ganz bestimmte Voraussetzungen geknüpft. Wir haben nämlich in den Fig. 72 und 73 denselben Anodenwiderstand, da wir dasselbe Verhältnis $\frac{\mathfrak{E}_a}{\mathfrak{J}_a}$ haben. Genau so wie die Grenzgitterspannung eine volle Aussteuerung des Anodenstromes gewährleistet, bringt der Grenzwiderstand

$$\mathfrak{R}_{gr} = \frac{\mathfrak{E}_a}{\mathfrak{J}_a} = \frac{E_a - E_S}{\frac{J_S}{2}} \qquad (79\text{a}), (79\text{b})$$

$$= \frac{2\,(E_a - E_S)}{J_S} \approx \frac{2\,E_a}{J_S} \qquad (79\text{c}), (79\text{d})$$

eine volle Aussteuerung der Anodenspannung. Wir haben also sowohl im Falle der Fig. 72, wie bei den Verhältnissen nach Fig. 73 den Grenzwiderstand eingestellt; die Grenzspannung ist im zweiten Falle überschritten. Genau so wie die Grenzgitterspannung die Unterscheidung von Schwingungen erster und zweiter Art bringt, liefert der Grenzwiderstand das Kriterium für den *überspannten und unterspannten Zustand.* Beim unterspannten Zustand ist die Spannung zu klein, beim überspannten

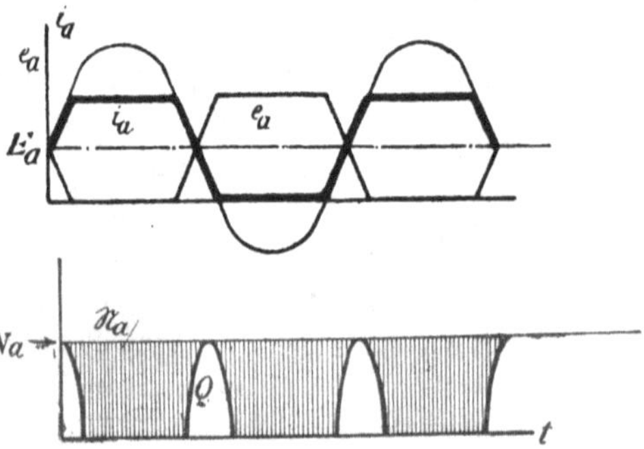

Fig. 73. Leistungskurve mit $\mathfrak{E}_{st} = E_s$.

dagegen ist der Strom wieder kleiner. Letzteres hängt damit zusammen, daß in Momenten höherer Gitter- als Anodenspannung der Anodenstrom auf Kosten des Gitterstromes kleiner wird. Die Wechselstromleistung $\mathfrak{N}_a$ hat daher beim Grenzwiderstand ein Maximum.

Als weitere Voraussetzung steckt in dem Betriebsdiagramm der Fig. 73, daß $\mathfrak{R}_a$ rein ohmisch ist, da zwischen $\mathfrak{J}_a$ und $\mathfrak{E}_a$ keine Phasenverschiebung besteht. Dieser ohmsche Widerstand ist, wie wir wissen, meistens ein abgestimmter Resonanzkreis. In einem solchen bildet sich aber keine eckige Spannungskurve aus; vielmehr bekommen wir, selbst bei der rechteckigen Stromkurve nach Fig. 74, der eine unendlich große Steuerspannung entspricht, eine praktisch sinusförmige Spannung. Die Oberwellen werden nämlich durch den kapazitiven Zweig des Resonanzkreises kurzgeschlossen und erzeugen deshalb keinen Spannungs-

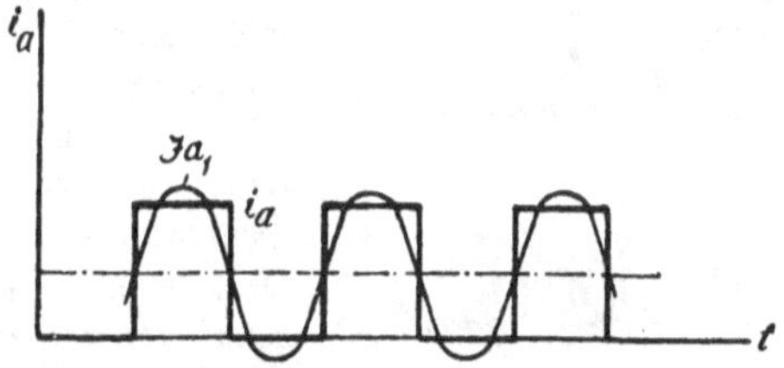

Fig. 74. Rechteckige Stromkurve.

abfall. Bei Verwendung eines Resonanzkreises sinkt daher im obigen Falle der Wirkungsgrad von 82% auf etwa 60%, wie eine einfache Auswertung ergibt.

59. Oberwellen.

Die rechteckige Stromkurve der Fig. 74 zeigt uns übrigens, daß die Stromamplitude $\mathfrak{J}_{a_1}$ bei Schwingungen zweiter Art maximal auf das $^5/_4$ fache der maximalen Stromamplitude $\frac{J_S}{2}$ bei Schwingungen erster Art gesteigert werden kann. Dies ergibt sich ganz einfach aus einer Fourierschen Zerlegung dieser periodischen Stromkurve in die Grundschwingung und Oberwellen. Andererseits muß aber auch bei all diesen Diagrammen für Schwingungen zweiter Art beachtet werden, daß nicht der Gesamtwirkungsgrad, wie er für Fig. 73 ausgerechnet wurde, interessiert, sondern nur die Wechselstromleistung der Grundschwingung. Es läßt sich zeigen, daß für den idealen

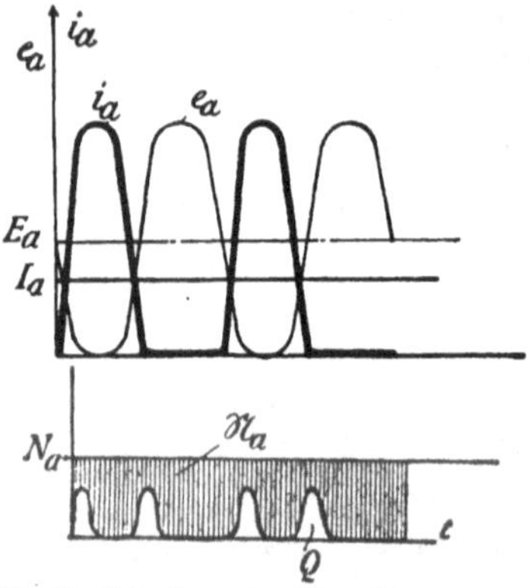

Fig. 75. Keine besondere Gitter-Vorspannung.

Fall der rechteckigen Strom- und Spannungskurve sich für die Grundschwingung ein Wirkungsgrad von 81% und bei Belastung mit einem Schwingungskreise 64% ergibt. Daraus erhellt, daß im praktischen Generatorbetriebe die Oberwellen in den Kauf genommen werden können.

Jede Maßnahme zur Verbesserung des Wirkungsgrades bedeutet eine neue Quelle für Oberwellen. Für den Betriebszustand des Grenzwiderstandes macht sich eine solche Maßnahme notwendig bei Berücksichtigung der zusätzlichen Anodenerwärmung Q_z, die dadurch entsteht, daß die Anodenspannung e_a nur bis auf den jeweiligen Gitterspannungswert e_g herabsinken darf. Nach dem Diagramm der Fig. 73 steht beispielsweise für dasjenige Drittel der Gesamtperiode, für welches die Betriebsspannung durch die negative Spannungsamplitude kompensiert ist, der gesamte Anodenstrom J_s unter dem Einflusse des Spannungsbetrages $e_a = 1{,}5\,E_s$, sofern über-

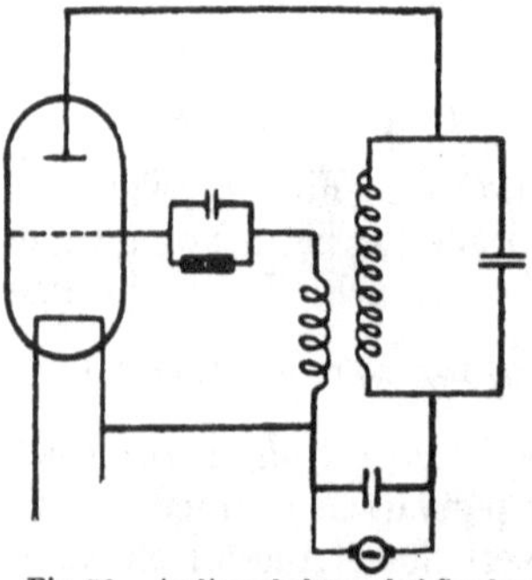
Fig. 76. Audionschaltung bei Sendern.

spannter Zustand vermieden werden soll. Es ist somit

(80a) $$Q_z = \frac{1}{3} J_s \frac{3}{2} E_s = \frac{1}{2} J_s E_s.$$ (80b)

Sei weiterhin $E_a = 10 E_s$, so ist

(81a) $$Q_z = \frac{1}{20} J_s E_a = 0{,}05 N_a.$$ (81b)

Die Abhilfe erfolgt nun dadurch, daß man den Ruhepunkt von der Mitte der Charakteristik weg in den Nullpunkt, entsprechend Fig. 75, legt. Hiermit erreicht man vor allem, daß der mittlere Anodenstrom $J_a = \frac{1}{3} J_s$ wird, statt wie bisher $\frac{1}{2} J_s$. Berücksichtigt man alle diese Punkte, so erhält man einen Wirkungsgrad von etwa 80%. Dies ist auch die Größenordnung, die man bei größeren Röhrensendern, eventuell mit einer negativen Gittervorspannung, erreicht. Bei Sendern mit Selbsterregung geht man beim Arbeiten im unteren Teile der Charakteristik zweckmäßig zur Audionschaltung nach Fig. 76 über, da dann die Schwingungen zunächst bei positivem Gitter leicht einsetzen und erst der Spannungsabfall am Gitterwiderstande den Arbeitspunkt ins Negative verschiebt. Diese Audionschaltung wird auch zur Beseitigung der für den überspannten Zustand typischen Einsattelung der Anodenstromkurve, welche Fig. 77 zeigt, mit Vorteil verwendet.

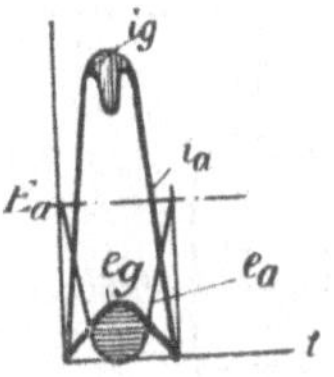

Fig. 77. Der überspannte Zustand.

60. Parallelschaltung von Senderröhren.

Nachdem wir in den §§ 53—59 die wichtigsten Betriebsverhältnisse bei Senderschaltungen mit je einer Röhre kennengelernt haben, können wir daran gehen, die Parallelschaltung verschiedener Röhren zu untersuchen. Dies erweist sich als notwendig zur Erzeugung von 100—200 kW Hochfrequenzleistung, wie man sie in Großstationen benötigt. Da man bei Vermeidung von sehr hohen Betriebsspannungen in einer Röhre schwerlich über 5 kW erzeugen kann, greift man zur Parallelschaltung, die im allgemeinen keine besonderen Schwierigkeiten macht, da die fabrikationsmäßige Herstellung für verschiedene Exemplare dieselben Daten garantiert.

Als gefährliche Betriebsstörung machen sich aber die sogenannten wilden Schwingungen bemerkbar, die sich an den Induktivitäten und Kapazitäten der Zuleitungen und Röhrenelektroden in Wellenlängen von 10 bis zu 100 m ausbilden und gelegentlich schon bei Einröhrensendern großer Leistung auftreten. Für solche Wellen stellen Kondensatoren einfach einen Kurzschluß dar, dagegen Spulen mit tiefer liegender Eigenfrequenz einen kapazitiven Widerstand. Diese kurzen Wellen können den normalen Schwingungsvorgang stören und die Zuleitungen zu den Elektroden zur Durchschmelzung bringen.

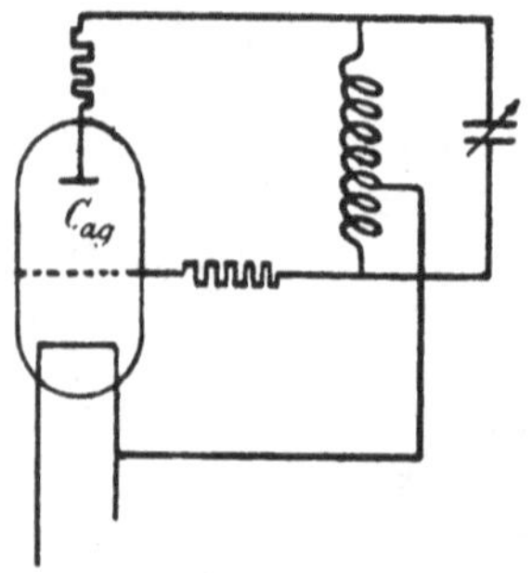

Fig. 78. Beseitigung wilder Schwingungen.

Zur Beseitigung solcher unbeabsichtigter Schwingungen dienen beispielsweise nach Fig. 78 geschaltete kapazitätsfreie Widerstände. Da C_{ag} wohl einen Teil des Schwingungskreises der wilden Schwingungen, nicht aber für die beabsichtigten bildet, werden nur jene und nicht die letzteren abgedrosselt. Für eine gerade Anzahl von parallel zu schaltenden Röhren hat sich auch die Hochfrequenz-Gegentaktschaltung bewährt. Diese Schaltung gewährleistet ein zuverlässiges Einsetzen der normalen Schwingungen und kompensiert gleichzeitig ihre geraden Harmonischen. Wie weit die Parallelschaltung getrieben werden kann, beweist ein Marconi-Sender mit 48 parallel geschalteten 2,5 kW-Röhren.

Das Studium der Existenzbedingungen für wilde Schwingungen zeigt, wie ein Röhrensender für kurze Wellen aussehen muß. Verwendet man nach Fig. 79 eine Gegentaktschaltung, so hat man nur nötig, durch symmetrisch geführte Drähte Anode und Gitter je mit der Kathode zu verbinden. Die Rückkopplung besteht in der induzierenden Wirkung der Drähte L_2 L_2' auf $L_3 L_3'$. Je ein Bügel auf den Gitter- und Anodendrähten dient zur Variation der Wellenlänge bzw. zur Einstellung der richtigen Rückkopplung.

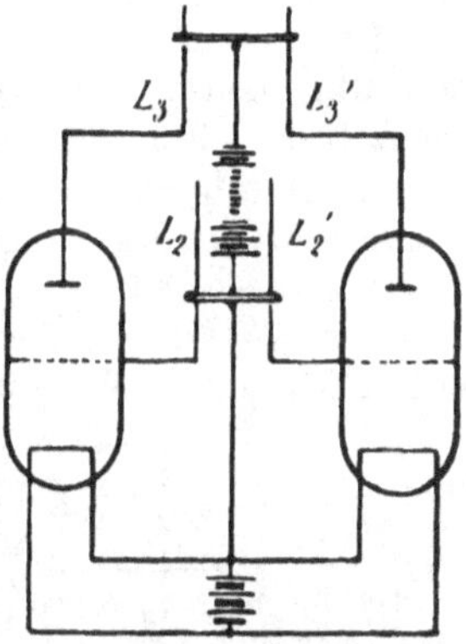

Fig. 79. Gegentaktschaltung für kurze Wellen.

61. Betriebsstörungen bei Verstärkern.

Wir wollen in diesem Zusammenhange auf die unbeabsichtigten Rückkopplungen bei Verstärkern zu sprechen kommen, die in § 42 der Ausgangspunkt zur Besprechung des Röhrensenders waren. Zunächst können wir sagen, daß, je größer der Verstärkungsgrad pro Röhrenstufe ist, also je größer der wirksame Gitterwiderstand, je kleiner der Durchgriff ist usw., desto leichter tritt Selbsterregung ein. Natürlich muß man eine Beseitigung der Pfeifneigung auf Kosten der Verstärkung zu vermeiden suchen.

Ein pfeifender Niederfrequenzverstärker ist nichts anderes als ein Ton-Generator, dessen Gitterseite von der Anodenseite angefacht ist. Da die Kopplung meist über die Anodengitterkapazität erfolgt, ist diese durch möglichst sorgfältige Leitungsführung klein zu halten. Die direkten induktiven und kapazitiven Kopplungen können durch geerdete Transformatoren mit Metallgehäuse wesentlich herabgesetzt werden. Ferner empfiehlt sich, bei Mehrfachverstärkern die Leitung zum Transformator in ein geerdetes Bleirohr zu verlegen, die Anschlußapparate einpolig zu erden, den inneren Widerstand der Anodenstromquelle als

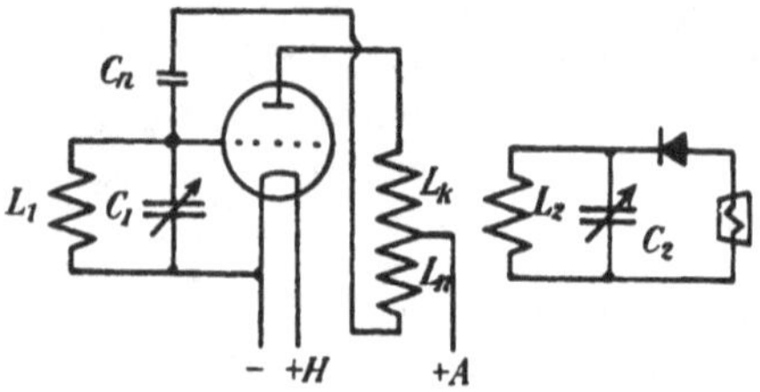

Fig. 80. Neutralisierung durch Abgriff an der Anodenspule.

Kopplungsorgan sämtlicher Kreise möglichst klein zu machen und zu diesem Zwecke nötigenfalls einen Überbrückungskondensator anzuordnen. Oft genügt das Umpolen einer Transformatorwicklung zur Tonbefreiung.

Bei Hochfrequenzverstärkung ist die Gefahr der Selbsterregung durch die Anodengitterkapazität noch größer. Hier bleibt nichts anderes übrig, als die Anbringung einer Gegenkopplung oder einer Brückenschaltung zur Kompensation der schädlichen Anodengitterkapazität. Letzteres ist der Grundgedanke der in Fig. 80 dargestellten Neutrodyneschaltung. Eine selbsttönende Hochfrequenzverstärkerstufe ist ein Ton-Generator, bei dem die Frequenz der erzeugten ungedämpften Schwingungen mit der aufgedrückten Steuerfrequenz um ein Tonintervall differiert, so daß ein Schwebungston entsteht.

Bei Verstärkern gibt es noch eine weitere Quelle von Störungen, die ihren Ursprung im Ionenstrom bei geringer Vakuumgüte hat. Während die Gittercharakteristiken bei gutem Vakuum den in Fig. 23 dargestellten Verlauf haben, bekommt man bei schlechtem Vakuum und zunehmender Gitterspannung einen anwachsenden negativen Gitterstrom. Ändert also ein nach Fig. 81 geschaltetes, sehr empfindliches Galvanometer bei der Verminderung der negativen Gittervorspannung die Richtung seines Ausschlags, so ist dies ein sicheres Anzeichen für das Vorhandensein von Ionen. Da sich der Gitterionenstrom $J_{g_{J_0}}$ dem die Stoßionisation erzeugenden Elektronenstrome J_a proportional erweist, so ist der sogenannte Vakuumfaktor

$$f_V = \frac{J_{g_{J_0}}}{J_a} \qquad (82)$$

ein direktes Maß für den Vakuumgrad.

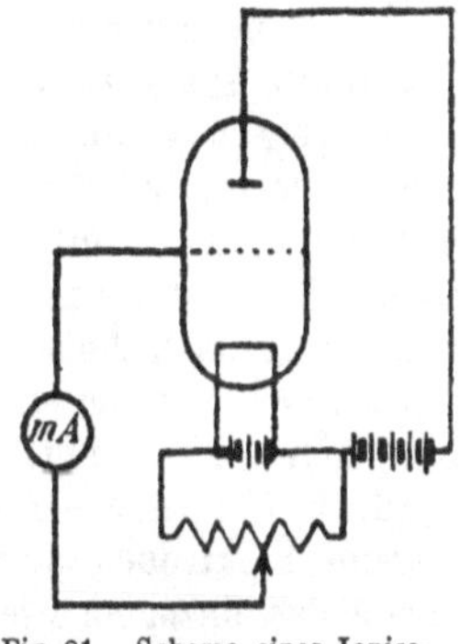

Fig. 81. Schema eines Ionisations-Manometers.

Eine nähere Untersuchung zeigt nun, daß man den vom Elektronenstrom herrührenden Gitterwiderstande einen negativen, vom Ionenstrom herrührenden Widerstand parallel geschaltet denken kann. Wird nun durch diesen „negativen" Widerstand der positive kompensiert, so wird beispielsweise durch den Ionenstrom eine am Gitter auftretende Wechselspannung aufrechterhalten. Es tritt genau so wie bei einer Rückkopplung Selbsterregung ein.

Da der negative Widerstand bei schlechtem Vakuum labile Verhältnisse schafft, so darf bei Verstärkerröhren Steilheit und Röhrengüte nicht dadurch gesteigert werden, daß etwa durch eine Edelgasfüllung wie bei Gleichrichterröhren die Raumladung kompensiert wird.

62. Die Fabrikation von Röhren.

Bevor wir noch eine Reihe besonderer Röhrenanordnungen beschreiben, sei auf die Grundzüge der Röhrenfabrikation eingegangen. Wir haben in den §§ 17—25 die vakuumtechnischen Grundlagen behandelt und können uns jetzt darauf beschränken, an einem Röhrenbeispiel den Fabrikationsgang zu beschreiben.

Bei Verstärkerröhren hat man nach verschiedenen Versuchen vorzüglich für den Zusammenbau der Elektroden in Vorrichtungen mit Anschlägen, Lehren usw. eine halbautomatische Fabrikation eingeführt, die man in Amerika neuerdings nach dem Vorbild der Glühlampenfabrikation durch Wandertische ersetzt hat. Auch der Prüfungsgang bei Verstärkerröhren, der als mechanische Prüfung Sprünge, abgerissene Zuleitungen, erweichte Kolben, verbogene Elektroden und als elektrische Prüfung die Isolation der einzelnen Elektroden und die Größe des „verkehrten Gitterstroms" als sehr empfindliches Vakuumkriterium (s. § 61) festzustellen hat, ist durch weitgehende Unterteilung halbautomatisch eingerichtet. In allen diesen Dingen unterscheidet sich Herstellung und Prüfung von Senderröhren. Die Herstellung erfordert bei größeren Senderröhren eine weitgehende individuelle Behandlung, und die Prüfung zielt in erster Linie auf mechanische und elektrische Festigkeit ab. Bei Verstärkerröhren kommt es auf mechanische Genauigkeit, gewissenhafte Einhaltung der festgesetzten Vorschriften bezüglich Evakuieren usw. an. Auch die elektrische Vakuummessung gemäß Schaltung von Fig. 81 oder einer ähnlichen Methode, die mit negativer Anoden- und positiver Gitterspannung arbeitet, ist für größere Senderröhren nicht anwendbar, da in diesem Falle die Anordnung zu einem Sender ganz kurzer Wellen wird. Barkhausen und Kurz haben für ein solches Ionisationsmanometer nachgewiesen, daß die Elektronen mechanische Schwingungen um das Gitter herum ausführen. Die Beurteilung des Vakuums geschieht dann meist durch Vergleich mehrerer Emissionsmessungen im Laufe einiger Tage.

63. Fabrikationsbeispiel.

Wir wollen nun am Beispiele der älteren Telefunkenröhre RE 16 mit zylindrischer Elektrodenanordnung die einzelnen Phasen der Fabrikation zeigen:

Tafel VIIa zeigt in einer etwa 5 cm langen Glasröhre das Ausgangsmaterial für den „Fuß", in den die sämtlichen Zuleitungen und Träger der Elektroden (Tafel VIIc 1—6) eingeschmolzen werden. Zu diesem Zwecke wird VIIa auf der Tellerdrehmaschine von Tafel VIII in der Gasflamme zu der tellerartigen Form von Tafel VIIb erweitert. In der Fußquetschmaschine Tafel IX werden die vorher sortierten und geschweißten Platindrähte VIIc 1—6 in eine Lehre gesteckt, die die vorschriftsmäßige Lage der Elektroden gegeneinander und im Glaskolben gewährleistet, sodann die Glasröhre VIIb darübergestülpt. Diese kann nun langsam und gleichmäßig erwärmt und im Momente der Verflüssigung mit einer Zange dicht um die Drähte herum gequetscht werden. Das in der Maschine von Tafel X vorgestanzte Gitterblech (Tafel VIId 1) wird entsprechend VIId 2—3 fertiggestanzt, gerollt und auf die mit der Vorrichtung von Tafel XI zurechtgebogenen Elektrodenhalter aufgesetzt und unter Wasserstoffatmosphäre geschweißt. Auf derselben Vorrichtung und in derselben Weise wird die nach

VII 1 und 2 gestanzte und gerollte Anode aufgesetzt und aufgeschweißt. Nachdem noch der Glühfaden mit der Vorrichtung von Tafel XII befestigt wurde, wird der mit allen Elektroden versehene Fuß VIIf in den nach VIIg 2 vorgearbeiteten Glaskolben entsprechend VIIg 3 vom Glasbläser eingeschmolzen (Tafel XIII) und mit einem Evakuierungsansatz, dem sogenannten „Stengel" versehen. In einer Stückzahl von 20 werden die so behandelten Röhren mit ihrem Stengel auf der „Glasgabel" an eine der in den §§ 20 und 21 beschriebenen Dampfstrahlpumpen angeschlossen. Dies zeigen die Tafeln XIV und XV. Unter ständiger Kontrolle des Vakuums werden die Glaskolben bis zu der zulässigen Temperatur erhitzt, die Glühfaden ausgeheizt und die Elektroden durch Elektronen- und Ionenbombardement unter Anlegung einer hohen Spannung entgast. Einer erstmaligen Prüfung nach den obigen Gesichtspunkten und der elektrischen Vakuummessung folgt eine mehrstündige Dauerprobe mit übernormaler Anodenspannung, die eine nachträgliche Vakuumverbesserung zur Folge hat. Eine nochmalige Belastung erfolgt, nachdem mittlerweile durch Sockeln, Vergießen (s. Tafel XVI), Löten, Börteln, Ätzen usw. die Röhre bis zu ihrem in Tafel VIIk dargestellten Endzustand fertiggestellt ist.

Fig. 82. Doppelgitterröhre RE 26 von Telefunken.

64. Besondere Röhrenanordnungen.

Neben der überragenden Verbreitung der Eingitterröhre finden wir noch besondere Röhren. So kann mit der in Fig. 82 abgebildeten Doppelgitterröhre RE 26 von Telefunken mit dem in Fig. 83 dargestellten Kennlinienbild eine Erhöhung des Verstärkungsgrades dadurch erreicht

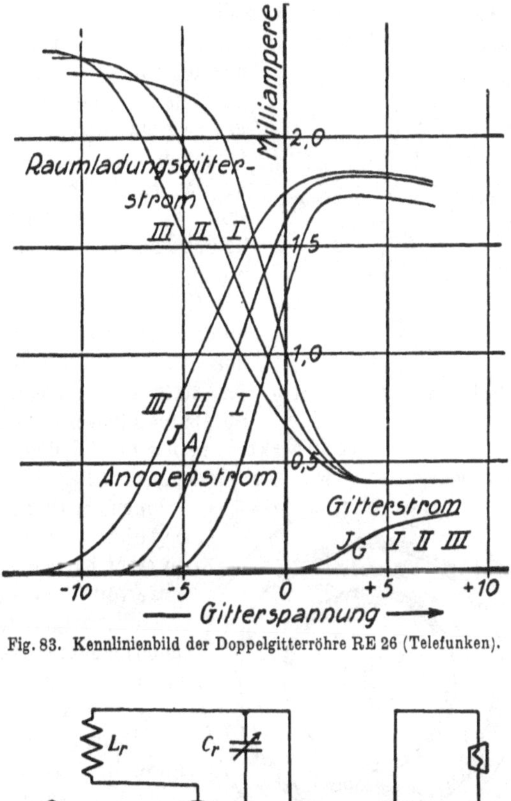

Fig. 83. Kennlinienbild der Doppelgitterröhre RE 26 (Telefunken).

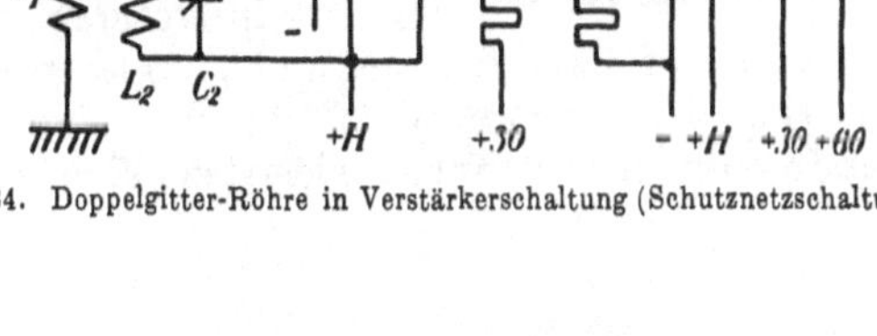

Fig. 84. Doppelgitter-Röhre in Verstärkerschaltung (Schutznetzschaltung).

werden, daß durch Anordnung eines zweiten Gitters zwischen Steuergitter und Kathode die Raumladung vermindert und die Steilheit erhöht wird oder daß durch Anordnung des zweiten Gitters zwischen Gitter und Anode gemäß Fig. 84 der resultierende Durchgriff vermindert wird. In beiden Fällen ist die Vorspannung am zweiten Gitter von der Größe der Anodenspannung. Auch bei Telephoniesendern wird vorteilhaft ein zweites Gitter zur Einbringung der Sprachmodulation benützt.

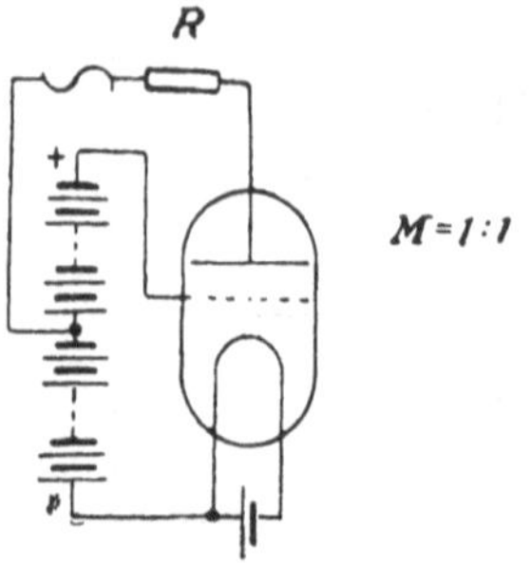

Fig. 85. Das Dynatron als Verstärker.

Eine durch Sekundär-Elektronen bewirkte „fallende Anodencharakteristik“, wie wir sie aus der Fig. 25 schon kennen, wird bei dem Dynatron von Hull in einer normalen Eingitterröhre mit hohen Anodenspannungen bei noch höherer Gittervorspannung erzeugt und kann genau so zur Schwingungserzeugung benützt werden, wie eine solche mit schlechtem Vakuum durch die fallende Gittercharakteristik (s. § 61) eingerichtet werden kann. In Fig. 85 sehen wir das Schema eines Dynatronverstärkers, bei dem einfach der Spannungsverbrauch am Anodenwiderstand R durch eine

Fig. 86. Das Magnetron.

entgegengerichtete, also „negative“ Spannung aufgehoben wird.

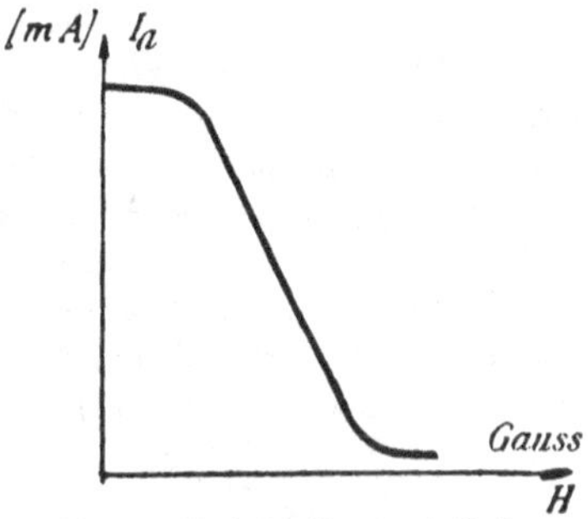

Fig. 87. Statische Charakteristik des Magnetrons.

Die Steuerung des Anodenstromes durch ein Magnetfeld (s. § 4) kann in den verschiedensten Einrichtungen erfolgen, als deren wirksamste das Magnetron beschrieben werden soll. Das Steuerorgan ist hier (Fig. 86) keine besondere Elektrode, sondern eine außen auf dem Gaskolben zylindersymmetrisch angebrachte Spule. Die statische Charakteristik von Fig. 87 und das Querschnittbild des Magnetrons Fig. 86 zeigen, daß von einer bestimmten Feldstärke *H* an die geradlinige Elektronenbahn zur geschlossenen Kurve deriviert. Legt man mit geeigneter Größe des erregenden Gleichstromes den Arbeitspunkt etwa auf halbe Höhe der Charakteristik fest, so hat man einen Verstärker; benützt man den Entladungsstrom zur Speisung des Steuerfeldes, so haben wir einen gewöhnlichen Rückkopplungssender.

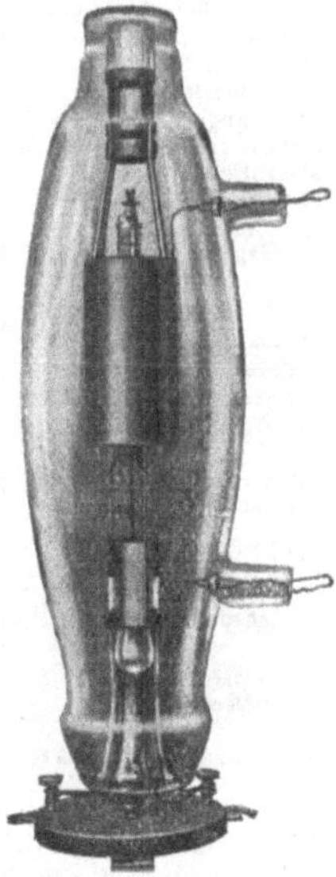
Fig. 88. Kurzwellen-Sender-Röhre (Telefunken).

Wieweit Elektronenröhren mit Anode und Gitter und dazwischenliegendem Faden gegenüber der gewöhnlichen Anordnung Vorteil bringen werden, kann erst die Zukunft entscheiden.

In Fig. 88 ist noch eine Spezialsenderröhre von Telefunken zur Erzeugung kurzer Wellen gezeigt. Ihre Besonderheiten beruhen auf der Einrichtung sehr stark dimensionierter Zuführungen zu den Elektroden und deren räumlich weit getrennte Anordnung. Ersteres ist notwendig wegen der hohen Belastung der eingeschmolzenen Durchführungen durch den kapazitiven Blindstrom der Elektroden, letzteres dient zur Vermeidung größerer Induktivitäten der Zuleitungen.

Register.

NORA
NORA
Duplex- u. Triplex-
Apparate
Röhren-Neutro-
Empfänger
Lautsprecher
Kopfhörer
Einzelteile
Detektor-Apparate
FABRIKATE DER ARONWERKE
NORA-RADIO GMBH
BERLIN - CHARLOTTENBURG

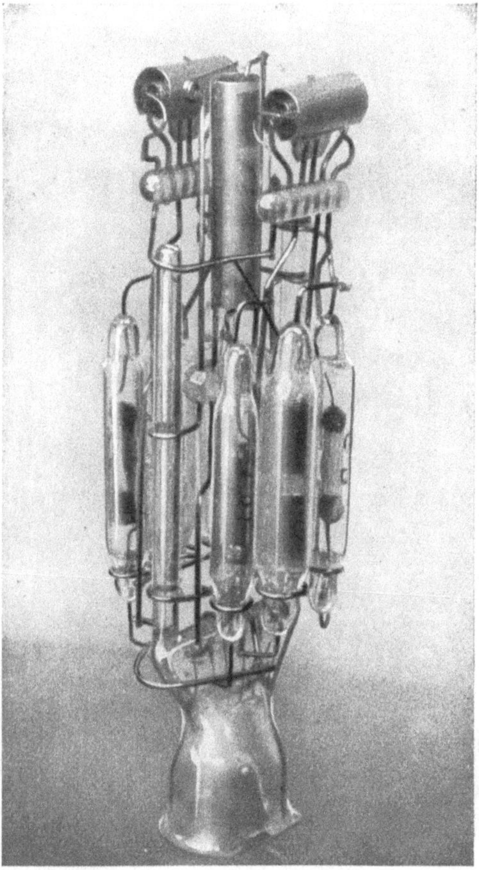

Abb. 1. Innensystem der Dreifachröhre (Loewe-Radio).

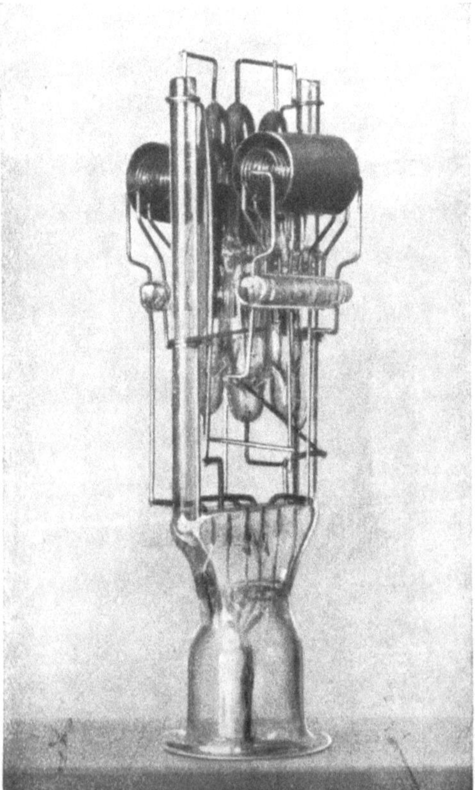

Abb. 2. Innensystem der Zweifachröhre (Loewe-Radio).

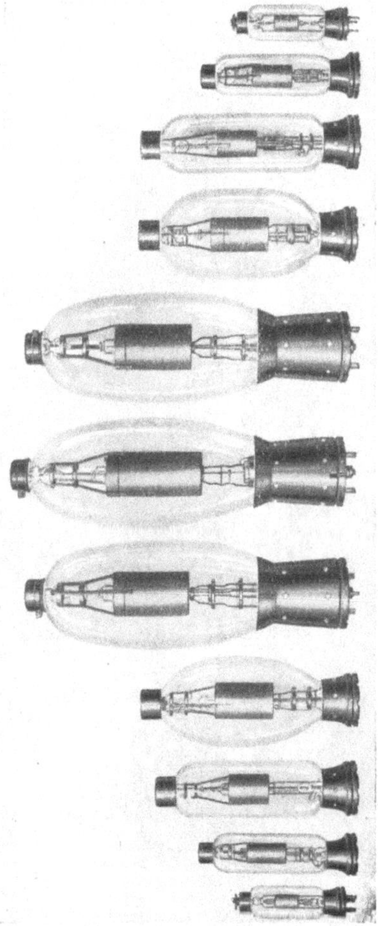

Abb. 3—8. Senderröhren von Telefunken-Osram. Neuere Konstruktion, etwa $^1/_8$ nat. Größe.

Tafel IV

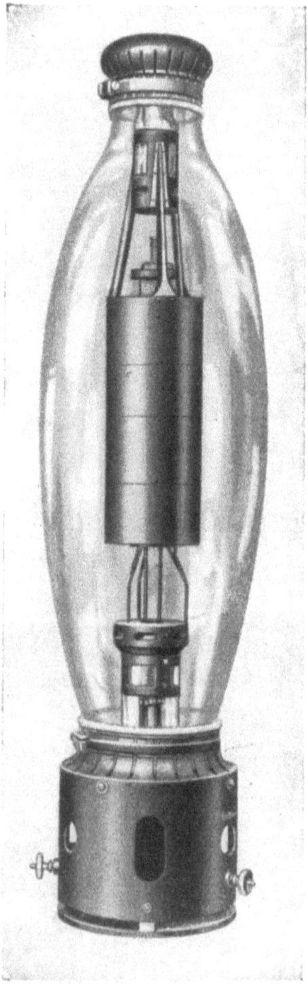

Abb. 9. 5 KW-10000 Volt-Senderröhre von Telefunken-Osram, etwa $^{1}/_{16}$ nat. Größe.

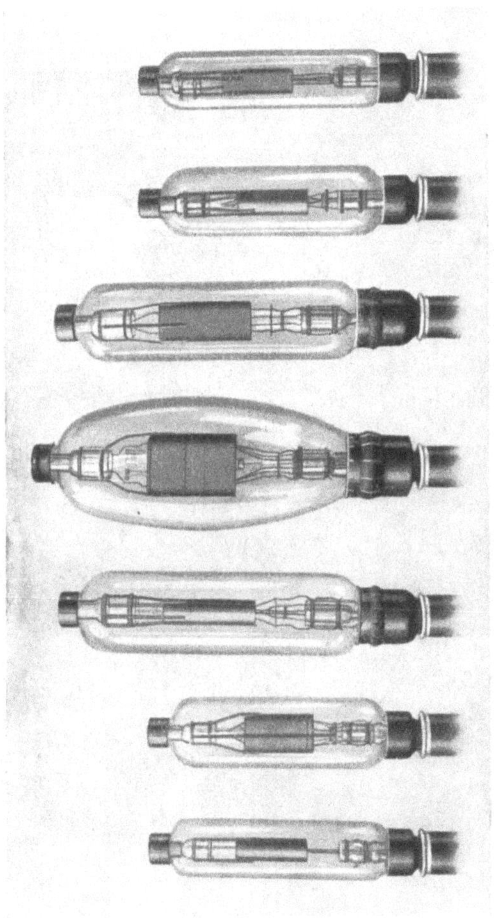

Abb. 10—13. Hochvakuum-Ventile von Telefunken-Osram.

Tafel VI

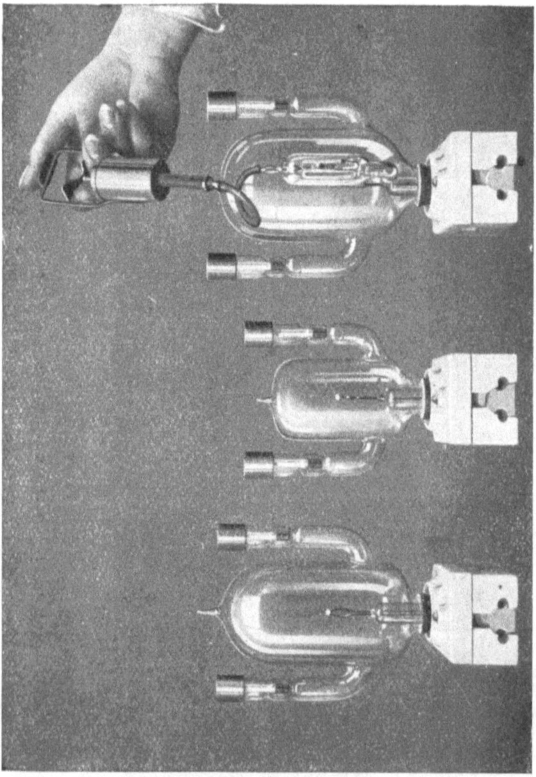

Abb. 14—16. Wehnelt-Gleichrichter-Birnen der Accumulatoren-Fabrik Aktiengesellschaft, Berlin SW 11.

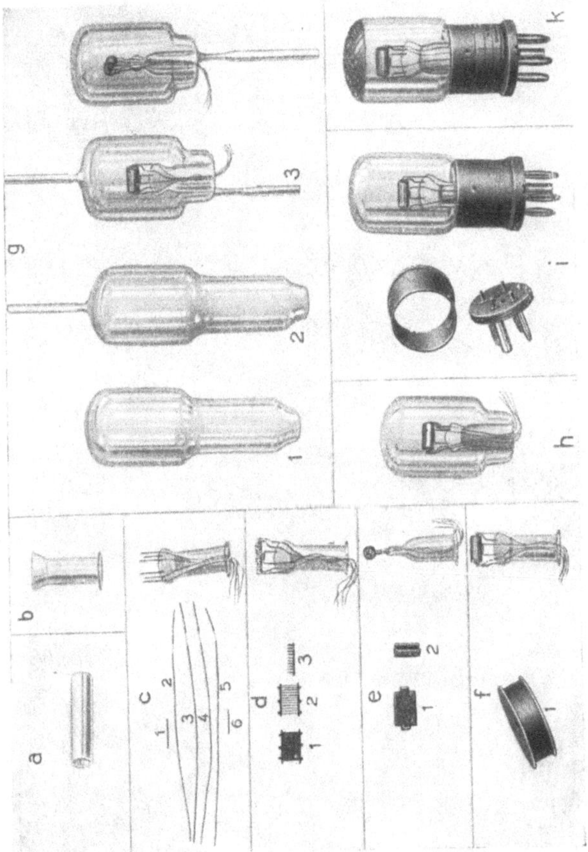

Abb. 17—26. Fabrikationsgarg der Verstärkerröhre RE 16 von Telefunken-Osram.

Tafel VIII

Abb. 27. Tellerdrehmaschine.

Abb. 28. Fußquetschmaschine von Telefunken.

Tafel X

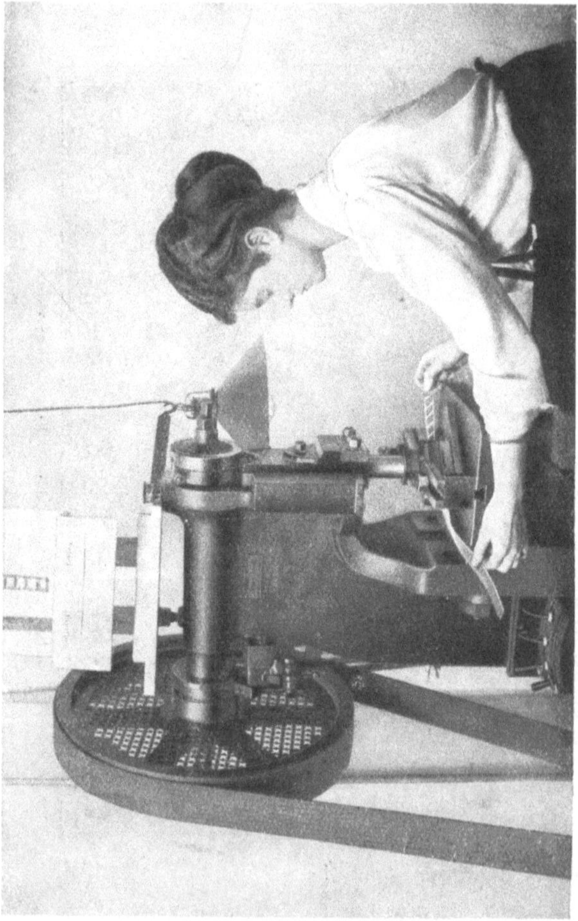

Abb. 29. Stanzen der Gitterbleche.

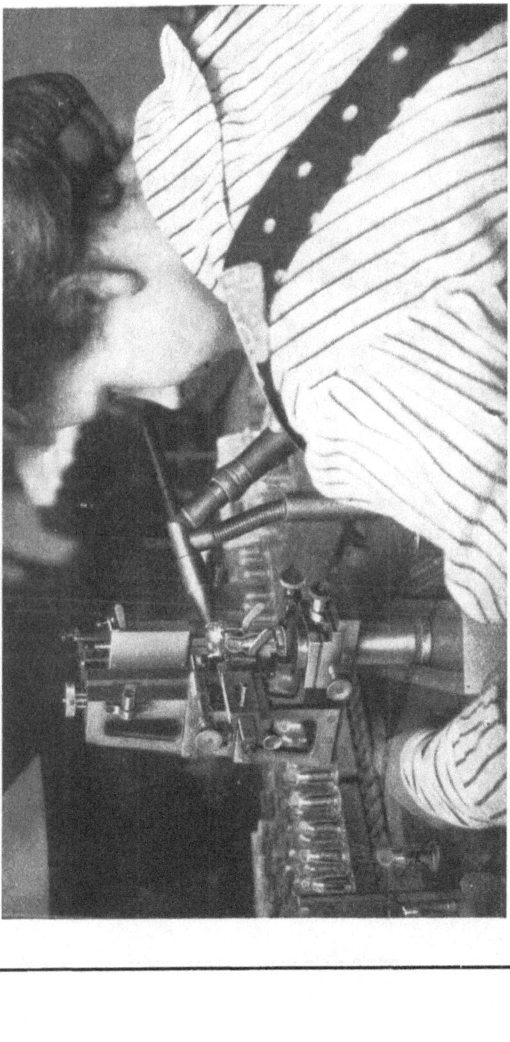

Abb. 30. Biegen, Aufsetzen und Schweißen der Elektroden.

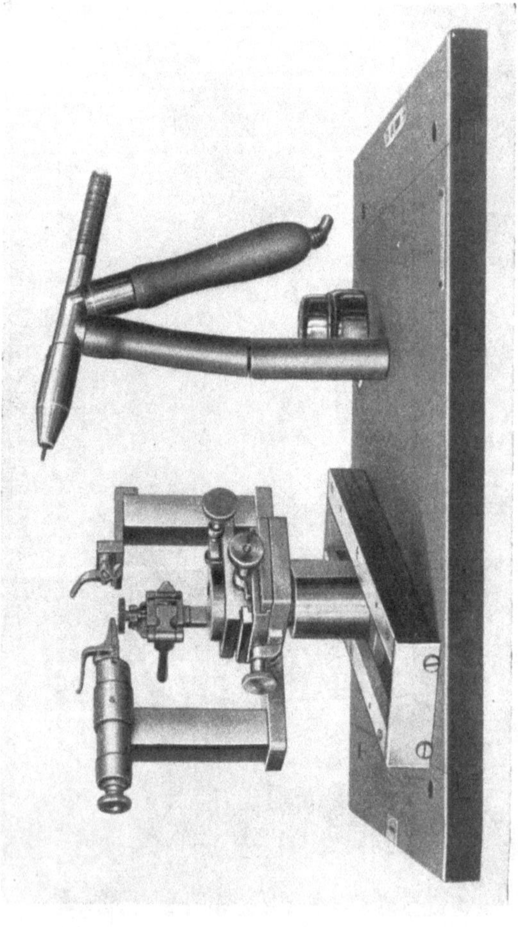

Abb. 31. Vorrichtung zur Befestigung der Glühfäden.

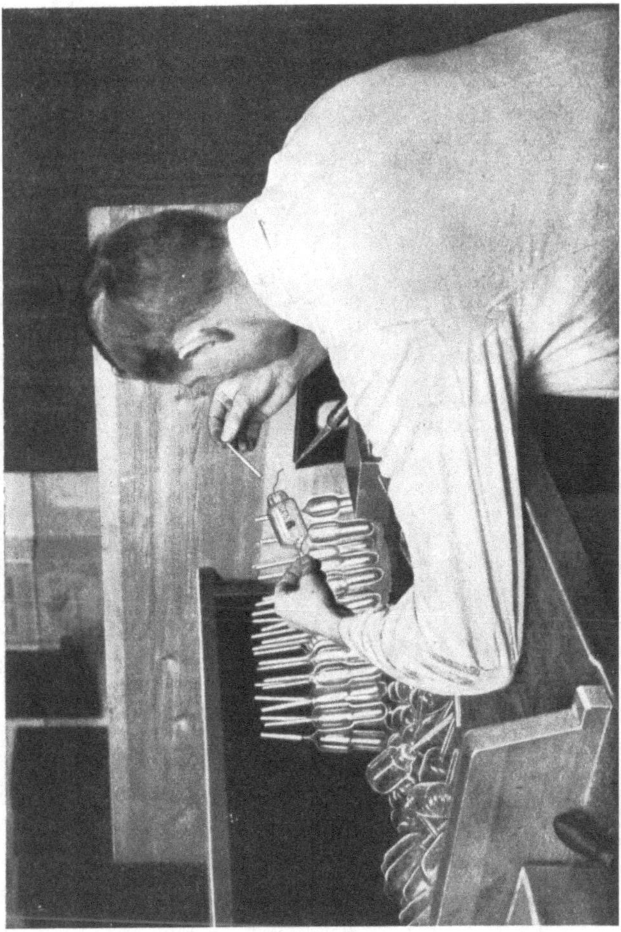

Abb. 32. Einschmelzen des Fußes in den Kolben.

Tafel XIV

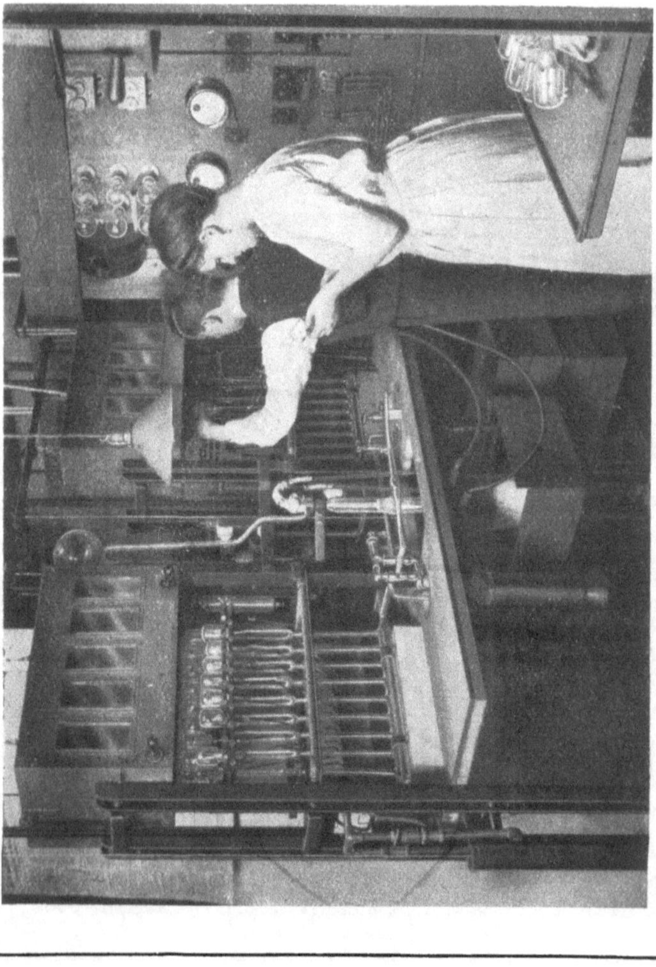

Abb. 33. Einsetzen der Röhren in den Vakuum-Ofen.

Abb. 34. Blick in den Pumpraum mit 32 Evakuieröfen, in denen täglich bis 2000 Röhren evakuiert werden können.

Tafel XVI

Abb. 35. Befestigung des Sockels am Kolben durch Vergießen.

FSC
www.fsc.org
MIX
Papier | Fördert gute Waldnutzung
FSC® C083411

Kolibri 360 GmbH
Ferdinand-Jühlke-Straße 7
99095 Erfurt, Deutschland
produktsicherheit@kolibri360.de